图说水产高效养殖技术丛书

图说河蟹高效养殖技术

全彩升级版

汤亚斌　主编

化学工业出版社
·北京·

内容简介

本书共十章，总结了近40年来我国河蟹养殖技术和生产的发展，主要内容包括了解河蟹、仔蟹培育技术、蟹种培育技术、成蟹池塘养殖技术、成蟹稻田养殖技术、其他水体养殖河蟹、河蟹的暂养与运输、河蟹疾病的防治、水草栽培技术和河蟹养殖常见问题答疑等。书中重点介绍了各地典型的生态养蟹模式和常见问题答疑。

本书与生产实践结合紧密，文字简洁易懂，图文并茂，既可供广大河蟹养殖户学习借鉴，给基层水产技术人员及水产相关专业师生提供参考。也可作为新型职业农民培训教材和行业技能培训教材。

图书在版编目（CIP）数据

图说河蟹高效养殖技术：全彩升级版 / 汤亚斌主编.
—北京：化学工业出版社，2023.1
（图说水产高效养殖技术丛书）
ISBN 978-7-122-42385-6

I. ①图… II. ①汤… III. ①养蟹-淡水养殖-图集
IV. ①S966.16-64

中国版本图书馆CIP数据核字（2022）第195243号

责任编辑：漆艳萍　　装帧设计：韩　飞
责任校对：宋　夏

出版发行：化学工业出版社
（北京市东城区青年湖南街13号　邮政编码100011）
印　　装：盛大（天津）印刷有限公司
880mm×1230mm　1/32　印张9　字数228千字　2023年7月北京第1版第1次印刷

购书咨询：010-64518888
售后服务：010-64518899
网　　址：http：//www.cip.com.cn
凡购买本书，如有缺损质量问题，本社销售中心负责调换。

定　　价：58.00元　版权所有　违者必究

编写人员名单

主　　编	汤亚斌	湖北省水产技术推广总站
副 主 编	胡　振	湖北省水产技术推广总站
	梁前才	茂名市农业科技推广中心
	赵　伟	咸宁市农业科学院
参编人员	杨兰松	湖北省水产技术推广总站
	汤文娟	湖北生物科技职业学院
	夏旭东	汉川市水产技术推广中心
	陈桦彬	监利市水产事业发展中心
	张献忠	洪湖市水产发展中心
	别传远	仙桃市水产技术推广中心
	潘　宙	公安县农业农村科技服务中心
	张保发	蕲春县水产技术推广站
	王安华	湖北省水产技术推广总站
	张业成	武汉合缘绿色生物股份有限公司
	汪文波	湖北顺秋生物科技有限公司

前言 PREFACE

河蟹原产于我国，学名中华绒螯蟹，俗称大闸蟹、螃蟹、毛蟹，以其丰富的营养、独特的风味而成为我国传统的名优水产品。河蟹不仅在国内享有盛誉，而且蜚声海外，是我国出口创汇的优势水产品之一。

我国的河蟹养殖业发展很快，从最初的资源放流型养殖，到目前的集约化生态养殖，是我国渔业生产中发展最为迅速、最具特色、最具潜力的支柱产业之一。经过40余年的发展，我国河蟹养殖面积已经突破1500万亩，涉及全国30多个省（自治区、直辖市），其中江苏、湖北、安徽、辽宁、山东、江西、黑龙江、浙江、上海等地区是河蟹主产区。2020年，全国河蟹产量达到77.6万吨，产值约500亿元。河蟹养殖业的发展，不仅极大地丰富了市场，解决了消费者吃蟹难的问题，而且有力地带动了饲料、渔药、餐饮、旅游和贸易等相关产业的发展。河蟹养殖已成为生态循环农业发展的代表性模式之一，是新时代加快推进农业绿色发展最具活力、潜力和特色的朝阳产业，也是主产区实施乡村振兴战略和农业产业精准扶贫的有效抓手。

尽管我国已经基本建立了一整套河蟹养殖技术体系，养殖规模和养殖效益逐年提高，但总体来看，目前我国河蟹养殖效益的增加主要取决于规模的不断扩大以及投入的不断增加，各地养殖水平参差不齐，少数地区还存在靠天吃饭的现状，许多技术模式已经不能适应养殖生产的发展与需求。新时期、新形势下，我国水产发展更加关注生产增长方式、优化生态环境、科学防控病害、规范投入品使用、提高河蟹的品质和建立质量安全体系。迫切需要提供内容新颖、实用性强、通俗易懂的理论知识和指导。因此，本人在20多年亲身实践的基础上，组织了多位从事河蟹养殖生产研究、经验丰富的科技人员，将当前河蟹养殖较为成熟的技术和最新进展，包括各种养殖模式、病害防控、生产常见问题等进行了总结，在借鉴多位专家、学者的理论研究成果的基础上，编写了《图说河蟹高效养殖技术：全彩升级版》，奉献给大家，以供开展河蟹养殖作参考，规避一些养殖风险，旨在推动河蟹产业的健康可持续发展。

本书在编写过程中，得到了许多专家、同行的支持和鼓励。多位专家、同行以及我的很多学生提供了大量图片和第一手资料，在此一并致谢。另外借此机会，向本书引用到的资料的原作者致以衷心感谢。

本书在编写过程中，我们始终坚持高标准、严要求的工作态度，河蟹养殖技术模式仍在不断创新中发展，书中难免有挂一漏万的缺陷，恳请读者批评指正，以便再版时完善。

汤亚斌

2022年4月于武昌

目录
CONTENTS

第一章
了解河蟹

第一节　河蟹分类与分布

一、河蟹的分类

河蟹（图1-1），学名中华绒螯蟹，俗称毛蟹、螃蟹、大闸蟹，是我国著名的淡水蟹，在我国蟹类中产量最高。在分类地位上，河蟹属于节肢动物门、甲壳纲、软甲亚纲、十足目、爬行亚目、短尾族、方蟹科、弓腿蟹亚科、绒螯蟹属。

中华绒螯蟹按资源的自然分布在我国形成了3个大的种群，即长江种群、辽河种群和瓯江种群，它们既非种，也非亚种，而是中华绒螯蟹在不同地区的种群，都属于一个种。由于3大水系所处的地域条件不同，造成了它们的形态、生长、发育和繁殖过程有一定差异。依它们的生长特点区分，中华绒螯蟹可以分为北方种群和南方种群两大种群。

图1-1　河蟹

1. 南方种群

以长江水系中华绒螯蟹为代表。它们在长江水系生长快、规格大，最大个体达860克，其肉质鲜美，膏脂丰满。但将它们移植到珠江水系，当年就会性成熟，个体小，俗称“珠江毛蟹”。

2. 北方种群

以辽河水系中华绒螯蟹为代表，其抗逆性强、生长快，最大个体440克以上。但将它们移植到长江水系，生长慢，个体小，品质差。特别是辽蟹移植到南方后，不但提早1个月开始生殖洄游，而且在生殖洄游时，其定位系统紊乱，不是顺水向东爬行，而是放射状爬行，因此湖泊无围网养殖的情况下回捕率极低，仅5% ~ 10%。

二、河蟹的分布

1. 国外

河蟹在世界上许多地方都有分布。在国外，除朝鲜黄海沿岸外，整个欧洲北部平原几乎均有分布，分布范围包括德国、荷兰、比利时、法国、英国、丹麦、瑞典、挪威、芬兰、俄罗斯、波兰、捷克等国家，分布中心在易北河与威悉河流域。河蟹在欧洲的分布范围从19世纪开始逐步扩大，由于其繁殖力强，种群扩展速度较快。目前除欧洲外，近年来北美洲也发现了河蟹，由于气候、环境等条件较适宜河蟹生长，因此北美洲有可能会形成较大规模的河蟹种群。

2. 国内

河蟹在我国分布区域较广，目前分布区域主要有三处：第一处是以长江水系为主干，包括崇明、启东、海门、太仓、常熟等地，在长江中下游地区分布的河蟹，通常称为长江蟹，它是我国目前生长速度最快、个头最大、最受市场欢迎、养殖经济效益最好的河蟹种群，每年4 ~ 6月在上海崇明岛一带形成苗汛；第二处是在辽河水系，通常称为辽蟹，包括盘山、大洼、营口、海城等地，辽蟹的适应能力比较强，生长速度仅次于长江蟹；第三处是在浙江省温州与瓯江一带，包括苍南、瑞安、平阳、乐清等地，通常称为瓯江蟹或温州蟹。

第二节　河蟹生活习性

一、栖居方式

河蟹喜欢在水质清晰、水草丰盛的淡水湖泊、江河中栖息。其栖息方式有隐居和穴居两种。在有潮水涨落的河川或各类水域的岸滩地带，河蟹往往营穴居生活（图1–2）。河蟹掘穴一般选择在土质坚硬的陡岸，岸边坡比在1：（0.2 ~ 0.3），很少在1：（1.5 ~ 2.5）以下的缓坡造穴，更不在平地上掘穴。蟹穴一般位于高低潮水位线之间；在各类水域岸滩地带，蟹穴大多在水面之下。洞口直径与穴道直径一致（洞穴大小和深浅与河蟹个体大小有关，洞口呈扁圆形或半月形，穴深20 ~ 80厘米，与地面呈15° 左右倾斜）。在饲料丰富、水位稳定、水质良好、水面开阔的湖泊和草荡中，河蟹一般不挖穴，隐伏在水草和底泥中过隐居生活。通常隐居的河蟹新陈代谢较强，生长较快，体色淡，腹部和步足水锈少，素有“青背、白肚、黄毛、金爪”清水蟹之称。而穴居的河蟹新陈代谢较弱，生长较慢，体色较深，腹部和步足水锈多，素有“乌小蟹”之称（图1–3）。

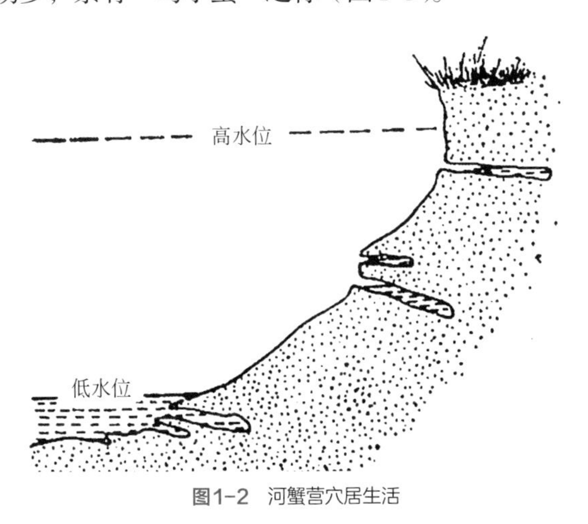

图1–2　河蟹营穴居生活

图1-3　乌小蟹

二、食性

河蟹为杂食性甲壳类动物，动物性食物有鱼、虾、螺、蚌、蚯蚓及水生昆虫等；植物性食物有金鱼藻、菹草、伊乐藻、轮叶黑藻、眼子菜、苦草、浮萍、丝状藻类、水葫芦、水花生、南瓜等；精饲料有豆饼、菜饼、玉米、小麦等。一般情况下，河蟹取得植物性食物相对容易，故在自然环境中，其胃内食物组成常以植物性食物为主。蟹胃中还有一些泥沙，这是河蟹摄食底栖生物和腐殖质的一种标志。河蟹在食物匮乏时也会同类相残，甚至吞食自己所抱之卵。

河蟹一般白天隐蔽在洞中，夜晚出洞觅食。在陆地上，河蟹较少摄食，往往将岸上食物拖至水下或洞穴边，再行摄食。周年中河蟹除低温蛰居暂不进食外，即使冬季洄游也照常摄食。在水质良好、水温适宜、饲料丰盛时，河蟹食量很大，一昼夜可连续捕食数只螺类。刚蜕壳的软壳蟹以及弱小个体，也常遭受同类侵害。河蟹耐饥饿能力强，长达1个月不吃食也不致饿死。水温在5℃以下时，河蟹的代谢水平很低，摄食强度减弱或不摄食，在穴中蛰伏越冬。

三、格斗性

河蟹不仅贪食，而且还有抢食和格斗的天性。格斗主要发生在以下三种情况。

（1）在人工养殖条件下，养殖密度大，易发生争食和格斗。

（2）投喂动物性饵料时，为了争食美味可口的食物互相格斗。

（3）在交配产卵季节，几只雄蟹为了争一只雌蟹而格斗，直至最强的雄蟹夺得雌蟹为止。

为避免和减少格斗，在人工养殖时可采取多点均匀投喂饲料、动物性饵料和植物性饲料合理搭配、增加作为隐蔽物的水草数量、投饲区与蜕壳区分开等措施，以防止同类互相残杀。

四、自切和再生

捕捉河蟹时，若只抓住1 ~ 2只步足，它能很快将步足脱落而逃生。这种保护性断肢行为称为自切（图1–4）。自切的位置是一定的，在基节与座节之间的关节处。在这里有特殊的构造，既可以防止伤口流血，又可从这里长出新足。步足再生时经蜕壳重新长出新足，但重新长出的新足较原足小，这是我们常见到有的河蟹缺少步足或步足大小不均的原因。这种断肢再殖功能称为再生。自切和再生是河蟹为适应自然环境而长期形成的一种保护性本能。河蟹在整个生命过程中均有自切现

图1–4 左侧第4步足自切

象，但再生现象只有在幼蟹处于生长蜕壳阶段存在，成熟蜕壳后，河蟹的再生功能消失。

河蟹脱落1 ~ 2只步足，并不影响它的生命；但会影响其个体的增长。脱落步足的河蟹蜕壳时个体增重相对较少，断肢再生要耗费躯体的营养，且断肢的河蟹行动不便，新长出肢体也不及原有的功能强。脱落步足的河蟹售卖的价格会明显偏低。

五、感觉和运动

1. 感觉

河蟹的神经系统和感觉器官比较发达，对外界环境反应灵敏。它的视觉最为敏锐，这主要靠它的一对有柄的复眼，做到眼观四路，一遇情况可立刻钻穴或逃跑。也正是靠这对结构精巧的复眼，在夜晚的微弱光线下，也能寻找食物和逃避敌害。如果把复眼摘除或设法蒙上，它对周围环境的反应马上变得麻木，活动也相应迟钝得多。河蟹的嗅觉也灵敏，嗅觉器官为埋在第1触角的第1节中的平衡囊，属化学感受器，对外界气味的变化十分敏感，很远的一块不新鲜或有些腐臭的动物尸体，有时会引来许多河蟹取食。此外，河蟹身体上还有不少具有触觉功能的刚毛。在身体各部位中，腹部触觉最为灵敏。

2. 运动

河蟹是以爬行为主的甲壳动物，但也能短暂游泳。实际上河蟹前进的方向大致是斜向前方的。河蟹为什么横着走路呢？从生物学角度看，河蟹的身体结构适应横行，它的步足伸展于身体两侧，由于各对步足长短不一，它的前足关节只能向下弯曲。这些决定了它只能横着运动。运动时一侧的2只步足弯曲牵行身体，而另一侧的2只步足伸长，推动身体，因此身体横向一侧前进。

河蟹尽管是斜向爬行，但攀爬能力和掘洞能力很强，因而在人工养殖条件下，逃逸能力非常强。一般来说，河蟹在下列五种情况下有逃逸的可能。

（1）进入新环境　刚进入蟹池的蟹种，由于对新环境尚未适应，傍晚爬出水，绕池埂乱窜，寻找逃走的机会。刚投放的蟹种一般需经1周左右才能适应养殖环境，开始掘洞穴居或潜泥沙隐居。因此，对养蟹户来说，必须先将防逃设施建好后才能放蟹种，切不可先放养再建防逃设施。这方面的教训在全国各地都有发生。

（2）水体流动时　在排水时或暴雨汛期，因为河蟹具有趋流性，当蟹池排水或暴雨引起水体流动时，池中河蟹异常活跃。一般未性成熟时喜逆水，从进水口处逃走，或沿水泵管口爬出，或寻找防逃设施攀爬。性成熟则喜顺水而下，夜晚顺水流爬向出水方向。

（3）水质恶化、溶解氧缺乏　当池中水质恶化、溶解氧缺乏时，河蟹纷纷爬上池埂，寻找机会逃走。这种情况一般发生在盛夏暴雨前，此时天气闷热、气压低，水中溶解氧含量降低。

（4）密度过大、饲料缺乏　当池中河蟹密度过大、饲料缺乏时，河蟹为寻找适合的饲料、环境而在夜间爬出水面，集中于防逃设施基部伺机逃逸。

（5）性腺成熟　当河蟹性腺成熟时，进入生殖洄游阶段。由于体内渗透压的变化，河蟹非常活跃，千方百计地寻找机会参与降河生殖洄游。

六、广温性

河蟹对温度的适应范围较大，1 ~ 35℃都能生存，但它们对高温的适应能力较差。在30℃以上的水域中，河蟹为躲避高温，其穴居的比例大大提高，特别是蟹种，如长期在30℃以上水域中生活，就容易产生性早熟，因此，池塘小水体中养殖河蟹，在夏季必须采取种植水草、提高水位等降温措施。

七、畏光性

河蟹喜欢弱光，畏强光，在水中一般昼伏夜出。在夜间河蟹依靠嗅觉，靠1对复眼在微弱的光线下寻找食物。渔民在捕捞河蟹时，就利用河蟹喜欢趋弱光的原理，在夜间采用灯光诱捕，捕获量大大提高。

八、洄游习性

天然水体中的河蟹一生有2次洄游，分别是幼小时的溯河洄游和性腺成熟后的降河洄游。

1. 溯河洄游

溯河洄游也称索饵洄游，是指在河口半咸水处繁殖的溞状幼体发育到蟹苗阶段，借助潮汐的作用进入淡水，即由河口顺着江河逆流而上，进入湖泊等淡水水体育肥的过程。

2. 降河洄游

降河洄游也称生殖洄游，是指河蟹在淡水中完成生长育肥后，由于遗传特性的作用，就顺江河而下洄游到河口半咸水水体繁衍后代。

在生产中，要根据河蟹的两种洄游习性制订捕捞和防逃措施。如根据蟹苗、幼蟹的溯河洄游习性进行捕捞，依其生殖洄游习性加强防逃设施的完善，确立捕蟹时间。

一、蜕壳

蜕壳是指河蟹脱去坚硬的外骨骼。河蟹一生蜕壳多少次，这个问题至今在学术界尚无定论，比较主流的观点是18 ~ 20次。尽管如此，学术界对此还是有不同意见，如当年成熟的早熟蟹种，到第二年4 ~ 5月发生生理死亡，那么它一生的蜕壳次数尚不足17次，而湖泊中存在个别的3龄或4龄河蟹则一生蜕壳不少于20次。之所以提出这个问题，是因为只有保证河蟹的蜕壳次数，才能保证生产正常进行。

蜕壳是一个复杂的生理过程，既是身体外部形态的变化（主要指幼体），也是内部错综复杂的生理活动；既是一次节律性生长，又是一场生理上的大变动。蜕壳贯穿河蟹整个生命周期的连续变化过程，包括变态蜕壳、生长蜕壳和生殖蜕壳。河蟹蜕壳会选择水质清新、比较安静而且可以隐藏的地方，通常是潜伏在有水草的浅水里，在水面下5 ~ 10厘米处蜕壳。河蟹蜕壳大多选择在光线较弱的时间，通常在半夜至早晨8时，黎明是蜕壳高峰期。

1. 变态蜕壳

变态蜕壳发生在幼体发育阶段，仔蟹之前的溞状幼体和大眼幼体阶段，也称之为蜕皮。幼体的蜕皮，起初是体液浓度的增加，接着组织与皮壳分离。蜕皮时，幼体的头胸部及附肢先蜕出皮壳，继而腹部蜕出来。刚蜕皮的幼体，组织大量吸收水分，体形显著增大，运动能力很差。幼体的形态随蜕皮不断发生变化，直至形态发育完善。

2. 生长蜕壳

生长蜕壳（图1–5）发生在仔蟹至整个生长发育阶段，蜕壳时，头胸甲逐渐向上耸起，裂缝越来越大，束缚在旧壳里的

图1–5 生长蜕壳

新体逐渐显露。由于腹部向后退缩，两侧肢体不断摆动，并向中间收缩，使末对步足先获自由，继而腹部蜕出，唯有螯足因关节粗细悬殊而蜕出难度较大，故最后蜕出。蜕壳后，新体舒张开来，体形随之增大。新蟹颜色黛黑，身体柔软，螯足绒毛粉红，称为“软壳蟹”。因此河蟹在蜕壳的过程中和刚蜕壳不久，尚无御敌能力，是生命中的危险时期。

3. 生殖蜕壳

生殖蜕壳（图1-6）是指河蟹完成生命中的最后一次蜕壳，河蟹由“黄蟹”变成“绿蟹”，蜕壳后进入成熟阶段，也称青春期蜕壳。

图1-6 生殖蜕壳

二、生长

河蟹的生长过程离不开蜕壳。河蟹外骨骼的容积是相对固定的，当河蟹肌体生长到一定程度，旧的外壳就限制了它进一步生长，河蟹必须蜕去这个旧外壳才能继续生长。河蟹蜕壳与生长有着密切关系，每蜕壳一次后体积和体重就增加。河蟹蜕壳一次，头胸甲长可增加1/6 ~ 1/4，幼小的个体甚至可增加1/2，但活力不大的或营养不足的个体生长相对较慢，蜕壳后只增加5% ~ 10%。河蟹在蜕壳后体内吸收大量水分，因而蜕壳后，其体重明显增加。据成蟹饲养阶段测定，蜕壳后，壳长增长22.1%左右，体重增长91.7%左右。以后随肌肉组织的生长，体内含水量逐步下降。

河蟹的生长受环境条件的影响很大，特别是受饲料、水温和水质等生态因子的制约。水体的水质、水温条件适宜，饲料丰富，蜕壳次数多，河蟹生长迅速、个体较大；如果环境条件不良，河蟹则停止蜕壳或蜕壳次数减少，个体也小。因此在自然界，同一水系同一年龄河蟹的个体大小相差甚远。例如，长江水系的河蟹，一般生长快的幼蟹当年可长到50 ~ 75克，个别甚至可达100 ~ 125克；而营养不良或高密度养殖环境下，幼蟹生长缓慢，当年只能长到数克。河蟹在第二年6 ~ 10月生长最快，其体重呈指数上升。

三、年龄与寿命

河蟹的寿命除了与其性别有关以外，还与性腺成熟有关，而性腺成熟又与环境因素有关。营养丰富的稻田和池塘培育蟹种时，当年就有一部分河蟹生长发育至性腺成熟，但其个体仅为20 ~ 70克，这种当年成熟的个体照例加入生殖洄游的行列，洄游到河口浅海处交配繁殖，不过它们降河洄游的时间比2龄群体迟一些。长江中下游2龄亲蟹生殖洄游高峰在寒露、霜降至立冬节气，而当年河蟹生殖群体洄游高峰集中在立冬至冬至前后。当年河蟹在河口浅海产卵场完成交配、抱卵和孵育幼体几个过程后，雄蟹和雌蟹会相继死亡。因此，这类生殖群体的河蟹中，雄蟹寿命为10个月，雌蟹寿命为12个月。另外，河蟹由于生活水体中的饲料、溶解氧等因素的影响，它虽然达到正常生殖年龄，但性腺未成熟，仍滞留在淡水中不能降河洄游，其寿命可延长到3 ~ 4秋龄，即雄蟹寿命为2周龄10个月至3周龄10个月，而雌蟹寿命为3 ~ 4秋龄。

因此，从河蟹群体角度来看，其寿命严格地说雄蟹为22个月，雌蟹为24个月，即2秋龄左右。单从广义上来说，一般寿命为1 ~ 3秋龄，个别可达4秋龄左右。对于当年性早熟的个体，其寿命对于雄性个体来说为10个月左右，雌性个体为12个月左右。

研究河蟹寿命对于生产具有积极意义，性成熟的当年蟹种尽管只有1秋龄，但到第二年4 ~ 7月发生大量死亡，这种性早熟蟹种不能作为蟹种用于养殖成蟹。此外，池塘、稻田、河沟等小水体养殖的商品蟹长到2秋龄，有时个体较小时，也不宜继续养殖，因其性腺成熟，再继续养殖死亡率相当高。

第四节　河蟹生长阶段名称

一、溞状幼体

刚从蟹卵中孵出脱离母体的幼体，外形像水蚤，故称溞状幼体，用符号Z表示。溞状幼体分为五期。河蟹胚体出膜进入海水中的幼体为Ⅰ期溞状幼体（Z_1），以后经过3 ~ 5天蜕皮一次，由Z_1变为Z_2、Z_3、Z_4、Z_5。溞状幼体分头胸部和腹部两个部分。头胸部近球形，具一背刺、一额刺和二侧刺，一对复眼；腹部狭长，尾节分叉（图1-7）。

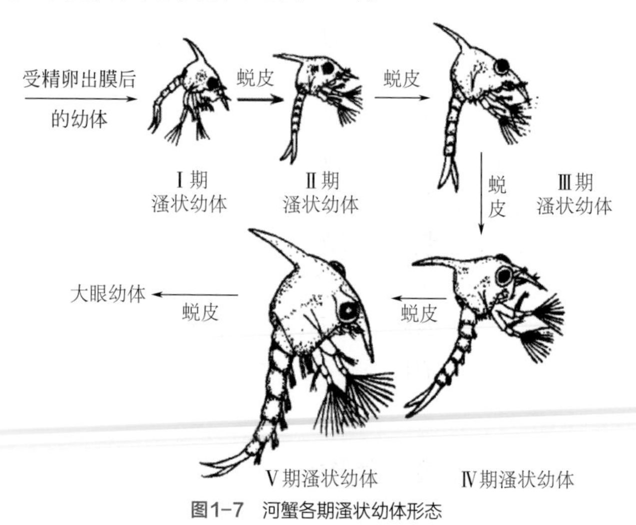

图1-7　河蟹各期溞状幼体形态

溞状幼体只能在盐度为8 ~ 30的海水中生活，盐度以20左右为佳。溞状幼体具强烈的趋光性和溯水性，前期常浮游于水的表层，后期多沉于水底。溞状幼体离水不久即死亡。

溞状幼体的食性为单细胞藻类、轮虫、蛋黄、卤虫无节幼体、卤虫幼体、豆浆、豆腐和蛋羹等，并有以大吃小、相互残杀的现象。人工养殖时，应防止发生几代同堂的现象。

二、大眼幼体

大眼幼体又称蟹苗，是由Ⅴ期溞状幼体蜕皮变态而成，对淡水敏感，有趋淡水性。7日龄大眼幼体规格为14万 ~ 18万只/千克。

第Ⅴ期溞状幼体经3 ~ 5天生长后，蜕皮即变态为大眼幼体，俗称蟹苗。其体形扁平，胸足5对，腹部狭长，头胸甲上的刺均消失。额缘内凹，眼柄伸出，末端着生复眼，故称大眼幼体（图1–8）。

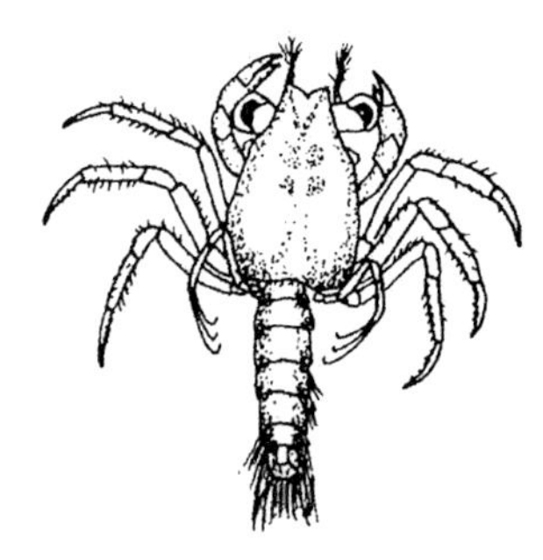

图1–8　大眼幼体

大眼幼体呈龙虾形，既可游泳，又可爬行。它有较强的游泳能力，游泳速度较快，在河口每天可上溯约30千米。大眼幼体具较强的趋光性、溯水性和趋淡性。对淡水水流较敏感，往往溯水而上，在河口形成蟹苗汛期。大眼幼体可用鳃呼吸，离水后保持湿润可存活2 ~ 3天，这一特点为蟹苗干法运输提供了方便。大眼幼体适合于河口咸淡水（盐度为5 ~ 7）中生活，它已具备较强的渗透压调节能力，因此经暂养调节，能适应淡水生活。大眼幼体具大螯和口器，杂食性，可主动捕食大型浮游动物。

三、仔蟹

大眼幼体蜕皮后变成蟹形的小蟹，其雌雄外观已可辨别，此时的小蟹称为仔蟹。大眼幼体经一次蜕皮而成的仔蟹称为Ⅰ

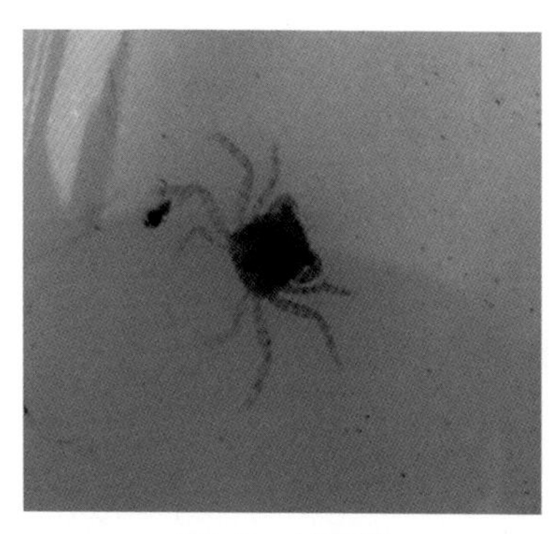
图1-9　Ⅰ期仔蟹

期仔蟹（图1–9）；经三次蜕皮而成的仔蟹称为Ⅲ期仔蟹。仔蟹依靠步足爬行和游泳。尽管仔蟹外形与河蟹相似，但此时其头胸甲长度大于宽度，过隐居生活，而且仍在咸淡水（盐度为3 ~ 5）中生活。以后每隔5 ~ 7天蜕1次壳，经2次蜕壳后，到Ⅲ期仔蟹时（一般1.6万 ~ 2.4万只/千克），其头胸甲长度才小于宽度，外形与成蟹相似，并开始挖洞穴居，而且它只有在淡水（盐度在0.5以下）中才能正常生长。因此，把大眼幼体蜕皮3次列为仔蟹阶段，包括Ⅰ期、Ⅱ期和Ⅲ期仔蟹。这一阶段在自然情况下是从河口上溯到淡水中。即由咸淡水转为淡水的过渡阶段，其生活习性也由浮游转为隐居，并开始挖洞穴居，其盐度也由咸淡水逐步过渡到淡水，其食性由食浮游动物逐步转化为以水生植物及有机碎屑为食。大眼幼体经4次蜕皮一般不称为Ⅳ期仔蟹，而是称为Ⅳ期幼蟹，相应的大眼幼体经5次蜕皮称为Ⅴ期幼蟹。

四、豆蟹

大眼幼体经过3 ~ 5次蜕皮，蜕变为Ⅲ期仔蟹至Ⅴ期幼蟹这一阶段，生产上习惯称之为“豆蟹”（图1–10），其中Ⅲ期仔蟹规格为16000 ~ 24000只/千克，即绿豆般大小的蟹；Ⅴ期幼蟹规格为5000 ~ 6000只/千克，即黄豆般大小的蟹。

五、蟹种（扣蟹）

人们习惯将仔蟹经过几次蜕壳至当年年底或次年年初的性腺未成熟的1龄幼蟹称为蟹种（图1–11）。这时蟹种的头胸甲大小像衣服的扣子，故被群众称为“扣蟹”。蟹种的规格一般为4 ~ 10克/只，是成蟹养殖的苗种来源。如果说，与鱼类各生长阶段名称相对应，仔蟹阶段相当于夏花鱼种阶段，1龄蟹

图1-10 豆蟹

种阶段相当于冬片鱼种或春片鱼种阶段。

1龄蟹种分为1秋龄蟹种和1冬龄蟹种，从中秋节至春节期间的蟹种群众习惯称为1秋龄蟹种，相当于鱼种中的冬片鱼种，春节至其后3个月左右的蟹种称为1冬龄蟹种（1足龄），相当于鱼种中的春片鱼种。

图1-11 蟹种

蟹种外形与成蟹相似，其个体生长快，蜕壳次数多，新陈代谢水平高，要求水草丰富、水质清新、饲料充足的环境。蟹种群体间个体生长差异十分显著。

六、黄蟹

河蟹在最后一次成熟蜕壳前，其背壳呈土黄色或灰黄色，故通常称其为黄蟹。黄蟹仍能蜕壳生长，其性腺发育尚处在Ⅰ期。肝胰脏体积大，其重量比性腺大20 ~ 30倍。黄蟹个体较小，一般在100 ~ 200克，个别只有50克。雄蟹螯足绒毛及步足刚毛短而稀疏；雌蟹腹部也未长足，仍呈三角形，不能覆盖头胸甲腹面（图1–12）。

图1–12 雌性黄蟹

七、绿蟹

每年8 ~ 9月，2秋龄的河蟹先后完成生命过程中最后一次蜕壳（又称成熟蜕壳），即进入成蟹阶段。其头胸甲长度和宽度不再增大，仅作为肌肉和内脏器官的充实和增重。因其背甲呈青绿色，通常称为绿蟹。绿蟹躯体较黄蟹大，外壳呈墨绿色。雄蟹螯足和步足刚健有力，螯足绒毛粗长发达；雌蟹腹部变宽，覆盖住头胸部的整个腹甲，并且边缘密生短的黑色绒毛（图1–13）。

河蟹进入绿蟹阶段后，性腺迅速发育，重量明显增加。河蟹开始生殖洄游（长江流域自寒露至立冬），顺水而下。组成河蟹生殖洄游大军的，基本是绿蟹，只有少部分黄蟹也参加洄游队伍，并在洄游中蜕壳变为绿蟹。当河蟹开始向浅海处迁移时，雌蟹的卵巢重量已逐渐接近肝胰脏。当进入交配阶段，卵巢重量已明显超过肝脏。

图1–13 雌性绿蟹

第二章 仔蟹培育技术

对蟹苗进行为期5～8个月的饲养，这一过程便是蟹种培育。其中饲养20天左右，蟹苗蜕壳3次，规格一般达到1.6万～2.4万只/千克，称为仔蟹培育阶段。此期的仔蟹似绿豆大小，故也称豆蟹。豆蟹以后，经同塘或分塘饲养到当年年底或翌年2～3月，大部分幼蟹长成规格为4～10克（100～250只/千克）时称为1龄蟹种，其甲壳似衣服纽扣大小，故又称扣蟹。

第一节　蟹苗的选购

一、中华绒螯蟹蟹苗质量标准

蟹苗要求6日龄以上，体色为淡姜黄色，群体无杂色苗，盐度4以下，活动能力强；规格14万～16万只/千克，群体大小一致，整齐度高；育苗阶段水温20～24℃，幼体未经26℃以上的高温影响（适用人工苗）；育苗阶段幼体未经抗生素反复处理。

二、蟹苗质量优劣鉴别

生产上采用“三看一抽样”的方法，来鉴别蟹苗质量优劣。

1. 看体色是否一致

优质蟹苗（图2-1）体色深浅一致，呈姜黄色，稍带光泽；劣质蟹苗体色深浅不一，体色透明的嫩苗和体色较深的老

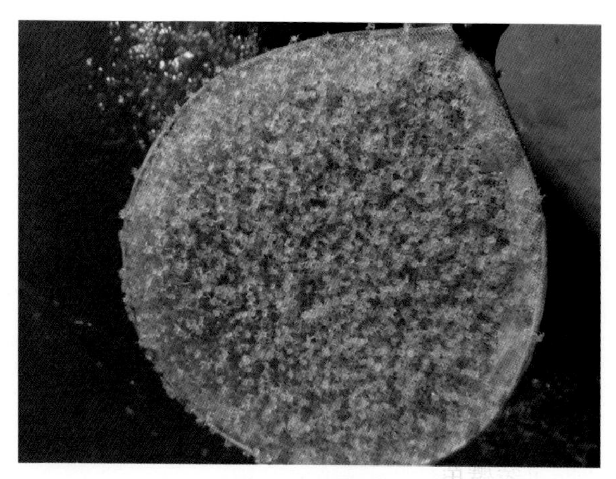

图2-1　优质蟹苗

苗参差不齐。

2. 看群体规格是否均匀

同一批蟹苗大小规格要整齐一致（一般要求80% ~ 90%相同）。日龄不足（6日龄以上）或质量差的蟹苗，往往个体偏小，或大小不均匀，嫩老不一致。如果规格不整齐，则高日龄的蟹苗可残食低日龄的蟹苗，尤其在饲料不足时，这种现象更为严重。另外，也会造成仔蟹和幼蟹培育时因龄期不齐而发生自相残杀。

3. 看活动能力强弱

蟹苗沥干水后，用手抓一把轻轻一捏，再放在蟹苗箱内，观察其活动情况。如用手抓时，手心有粗糙感，放入蟹苗箱后，蟹苗能迅速向四面散开，则是优质苗；如手心无粗糙感，放入蟹苗箱后，蟹苗仍成团，很少散开的为劣质苗。也可以将单只蟹苗用水滴裹住，能迅速爬出水滴的为优质苗，否则为劣质苗。还可以将蟹苗放入盆中，用手形成一旋流，蟹苗能逆向游泳的为优质苗，否则为劣质苗。

4. 抽样检查

6日龄规格一致的蟹苗为14万 ~ 16万只/千克，每只蟹苗平均在7毫克以上。可通过抽样，准确称取一定重量的蟹苗计数，在此范围为优质苗。每千克蟹苗数量越多，体质越差。

第二节 蟹苗的运输

一、运输方法

生产实践中，蟹苗运输一般采用干法运输（图2-2），具体做法是：用木制或塑料制蟹苗箱，长40 ~ 60厘米，宽30 ~ 40厘米，高8 ~ 12厘米，箱框四周各挖一窗孔，用以通风。箱框和底部都有塑料网纱，防止蟹苗逃逸，5 ~ 10箱为一叠，每箱可装蟹苗0.5 ~ 1千克。

图2-2 干法运输

二、注意事项

1. 蟹苗箱浸泡

木制蟹苗箱必须在水中浸泡12小时，以保持运输途中潮湿的环境。塑料制蟹苗箱不必在水中浸泡。

2. 放入水草

箱内用水花生茎撑住箱框两端，然后放一层绿萍。使箱内保持一定的湿度，也防止蟹苗在一侧堆积，并保证了蟹苗层的通气。

3. 沥干水分

蟹苗运输死亡主要是由于其附肢黏附过多水分，造成蟹苗支撑力减弱而导致苗层通气性不良，其底层蟹苗往往因缺氧而死亡，因此，蟹苗运输应坚持宜干不宜湿的原则，长途运输时，装苗前，必须预先将称重后的蟹苗放入筛绢袋内，甩去其附肢上的水，然后将蟹苗均匀地分散在苗箱水草上。

4. 控制数量

一般每箱装运控制在不超过1千克，运输时间为24小时。

5. 防止脱水

运输途中，尽量避免阳光直晒或风直吹。以防止蟹苗鳃部水分蒸发而死亡。

6. 保持湿润

运输途中，如蟹苗箱过分干燥，可用喷雾器将木箱喷湿，以保持箱内环境湿润，一般苗体不必喷水，否则反而造成蟹苗附肢黏附过多水分，导致支撑力减弱而造成死亡。

7. 低温运输

有条件可用空调车（图2-3）或加冰降温运输，并给予适当通风。气温控制在20℃，最低气温不能低于15℃，其气温

图2-3 空调车运输蟹苗

骤变的安全范围不超过5℃。

第三节　仔蟹的培育

一、蟹苗的生物学特点

1. 逃避敌害的能力差

蟹苗体重仅4 ~ 6毫克，营浮游生活，游动速度缓慢，逃避敌害生物的能力很差。且其集群性强，容易被敌害生物吞食。据统计，1条白鲦每天可吞食34只蟹苗，1只蟾蜍每天可吞食121只蟹苗。为了提高蟹苗培育的成活率，在培育仔蟹的池塘中清除敌害非常重要。

2. 捕食能力低

蟹苗个体非常弱小，其捕食能力较低，在自然条件下以浮游动物（水蚤等）为食，也食水蚯蚓和水生植物，这些食物在自然情况下往往不能满足需要，所以蟹苗成活率较低。在人工育苗的池塘中投喂大量适口饲料，能很好地满足蟹苗的生长需要，从而提高蟹苗的成活率。

3. 对不良环境适应能力低

大眼幼体仍喜欢在咸淡水中生活。据试验，在相同的密度、饲料条件下，由大眼幼体育成Ⅰ期仔蟹，生活在盐度为7的咸淡水中，其平均成活率达72.2%；盐度为3的咸淡水中，平均成活率为49.2%；盐度为0的纯淡水中，平均成活率仅30.1%。此外，温度突变，特别是升温，大眼幼体容易死亡。据测定，水温20℃时，其升温的安全范围仅为（3.1 ± 0.75）℃。故运输途中，如遇高温，蟹苗死亡率很高。

4. 新陈代谢水平高

蟹苗的耗氧量很大。据测定，每克蟹苗平均耗氧1.068毫克/小时，而蟹种（8克/只）每克体重仅耗氧0.18毫克/小时；从能量需要量比较，蟹苗每千克需要14.39千焦/小时，而蟹种（8克/只）每千克仅需能量2.43千焦/小时。由于蟹苗阶段新陈代谢水平高，因此生长快，一般4 ~ 6毫克的大眼幼体经15 ~ 20天的培育即可达到50毫克左右的Ⅲ期仔蟹，体重增加了10倍左右。

由于蟹苗具有上述特点，如果直接将蟹苗投放到湖泊、江河或池塘中，其成活率很低。为此，必须为蟹苗创造一个水质良好、饲料充足、无敌害的生态环境，促进其生长，以提高成活率。

二、仔蟹阶段的特点

在仔蟹阶段，蟹苗的生活习性逐步过渡为幼蟹和成蟹的生活习性，它们在形态和对生态环境的要求上都发生了变化。

1. 栖息习性的过渡

溞状幼体营浮游生活，大眼幼体营浮游兼爬行生活，而Ⅰ期、Ⅱ期仔蟹为隐居生活，Ⅲ期仔蟹开始挖泥穴居，故其逃避敌害的能力逐渐加强。

2. 食性过渡

溞状幼体以浮游动物为食；大眼幼体以食浮游动物为主，兼食水生植物；而仔蟹为杂食性，以食小型底栖生物和有机碎屑为主。

3. 形态过渡

溞状幼体呈水蚤形，大眼幼体呈龙虾形，而Ⅰ期、Ⅱ期仔蟹（图2-4）壳长大于壳宽。至Ⅲ期仔蟹，其壳长才小于壳宽，形态与幼蟹、成蟹相似。

图2-4 Ⅰ期、Ⅱ期仔蟹

此外，一般从蟹苗培育到Ⅲ期仔蟹需要10 ~ 20天。若再延长，蜕壳4 ~ 5次，培育时间则延长至20 ~ 40天。蜕壳的快慢、蟹苗的质量与前期肥水培植浮游生物、所投饲料质量、大眼幼体的质量均有很大关系，条件不一样，培育蟹种的质量与产量差距相当大。此期正遇高温季节，在运输上困难更大，而且在养殖上水质与饲料的矛盾也更大。因此，无论从生态习性变化还是从生产季节需要来看，蟹苗培育至Ⅲ期仔蟹时即可出池分养，开始转入蟹种培育阶段。

三、仔蟹的培育方式

仔蟹培育方式常见的有池塘培育、网箱培育和水泥池培育三种。由于水泥池培育仔蟹成活率较低，目前已很少采用。

1. 池塘培育仔蟹

（1）池塘条件　池塘要求交通便利、进排水方便，水源充沛，水为纯淡水，水质清新、无污染。土质以壤土最佳，池底淤泥少，池底向出水口倾斜。池塘为东西向长方形，面积1～3亩。池塘深1米，池塘坡度2∶1。

（2）防逃设施　惊蛰后，用4目的聚乙烯网片将池塘四周围起，网底部埋入土内10厘米，网高1～1.1米，以防止青蛙、癞蛤蟆、小龙虾等敌害生物爬入池塘内。在聚乙烯网片内侧（相隔1～2米）用塑料薄膜作为防逃墙（图2-5），防逃墙高

图2-5　防逃墙

0.5 ~ 0.6米，埋入土中0.1米，并稍向池内侧倾斜，池内侧光滑，无支撑物。防逃墙拐角处呈圆弧形。

（3）池塘清整　在3月中旬以前，排干池水，清除过多淤泥，填好漏洞和裂缝。曝晒1周以上后用药物清塘，以杀灭池内敌害生物。清塘药物一般选用生石灰、漂白粉或茶粕。

（4）种植水生植物　在池塘中放养水葫芦、浮萍或水花生，中间用毛竹拦住。在池塘较深的一端种植菹草、马来眼子菜等沉水植物，每平方米种4束，每束10 ~ 15株。蟹苗下池前要求水葫芦、浮萍或水花生的栽种面积占整个池塘水面的1/2左右。

（5）培育水蚤　初下塘的蟹苗最容易因缺乏适口的饲料而死亡，而水蚤则是蟹苗的最佳适口饵料。为此，必须确保蟹苗下塘时池水中的水蚤达到高峰期，这是提高蟹苗成活率的关键措施。一般在蟹苗下塘前7 ~ 10天（水温25℃左右），对池塘施肥以培肥水质。养殖老塘，塘底较肥，每亩用过磷酸钙2 ~ 2.5千克和水全池泼洒。新开挖塘，每亩另加尿素0.5千克，或施用腐熟发酵后的有机肥（牛粪、猪粪、鸡粪等）150 ~ 250千克/亩。

（6）蟹苗接运　蟹苗运到后，应先将蟹苗箱放入水中2分钟，再提起，重复2 ~ 3次，以使蟹苗适应池塘的水温和水质，然后将蟹苗放入网箱中暂养。

（7）蟹苗暂养　将蟹苗箱放入网箱中，待活的蟹苗自动游出，缓慢捞起蟹苗箱，除去死苗，检查运输成活率。待蟹苗活动正常后，投喂大量水蚤或细颗粒蟹苗饲料，使蟹苗吃饱，然后将网箱放入水中，让蟹苗自动游出。蟹苗饱食下塘可大大增强其对水质的适应能力和觅食能力。

（8）放养密度　一般每亩放养蟹苗0.5 ~ 1.5千克。规格大、质量好的蟹苗，其放养密度可稀一些；反之，则密一些。

（9）精细投喂　蟹苗下塘后，其不同生长阶段的饲料种类及摄食量均不同，具体情况见表2-1。

表2-1　蟹苗养成Ⅲ期仔蟹投饲模式

生长阶段	目标	经历时间	饲料	措施
第一阶段	蟹苗养成Ⅰ期仔蟹	3～5天	水蚤	每天泼豆浆2次，上午、下午各1次。每亩每天3千克干黄豆，浸泡后磨50千克豆浆
第二阶段	Ⅰ期仔蟹养成Ⅱ期仔蟹	5～7天	水蚤、人工饲料	人工饲料为仔蟹总体重的15%～20%，9：00投1/3，19：00投2/3
第三阶段	Ⅱ期仔蟹养成Ⅲ期仔蟹	7～10天	人工饲料	人工饲料为仔蟹总体重的10%～15%，9：00投1/3，19：00投2/3

蟹苗入池后，如缺乏天然饵料，可按1：（3～5）的比例补充鸡蛋和鱼糜，日投喂5～8次，投饲率200%。当蟹苗长到Ⅱ期后，改用绞碎的鱼肉与豆饼糊、麸皮，按2：1比例投喂，日投喂3～5次，投饲率100%，随着蟹苗的生长逐渐增加投饲量。15天后，可喂细颗粒蟹苗饲料，日投饲量为河蟹总体重的50%，分上午和傍晚2次投喂。饲料一部分投在浅水区，另一部分投于水生植物密集区。

（10）控制水位　蟹苗刚下塘时，水深保持20～30厘米。蜕壳变态为Ⅰ期仔蟹后加水10厘米，变态为Ⅱ期仔蟹后加水15厘米，变态为Ⅲ期仔蟹后再加水20～25厘米，直到达到最高水位70～80厘米。分期注水，可以迫使在水线下挖穴的仔蟹弃洞觅食，防止产生懒蟹。进水时，应采用60目的网片过滤，以防止敌害生物及鱼卵进入培育池。若在培育过程中遇到大暴雨，应适当加深水位，防止水温和水质发生突变，否则容易死苗。

（11）日常管理　每天巡塘3次，即清晨查仔蟹摄食情况，勤杀灭敌害生物；午后查仔蟹生长阶段（蜕壳次数），勤维修防逃设备；傍晚查水质，勤作记录。池内要保持一定数量的漂浮植物，以水花生最常用，一般占水面50%左右，若数量不足要进行补充。

2. 网箱培育仔蟹

网箱培育仔蟹要求在水质清新、无大浪、水深面阔、安静的水域进行，如大的池塘、河沟、湖泊、水库等均能培育。主要优点是仔蟹可免受天然敌害的危害、成本低、成活率高、捕捞方便，适用于不同的培育规模。

（1）网箱的制作　用100目的聚乙烯网片制作封闭式网箱，网箱长、宽、高为2米×1米×1米，或4米×2米×1米，或4米×3米×1米。网箱四周用毛竹等支撑，使箱体打开。网箱要加盖，在箱盖与一边交接处留一可开闭的活门，缝上拉链，便于投饲、放苗、捕捞，而且幼体也不易逃跑。

（2）网箱设置　网箱要设在没有污染的湖泊、水库、河流或较深的池塘中，最好有微流水，以保持较高的溶解氧。网箱周围要通电、通路，便于看管。箱体约20厘米露在水面之上，80厘米沉入水中，箱距3～5米。箱内要投放水葫芦、水浮莲、水花生等植物，一般占箱内面积的50%左右，便于仔蟹附着、栖息。网箱可以设草席或芦席等遮阳物，以免强光直射。

（3）蟹苗投放　由于地区不同、时间不同，放养密度差别较大，投放密度建议为0.5万～2万只/平方米，一般1万只/平方米左右。

（4）饲料投喂　蟹苗的饵料以轮虫、枝角类、桡足类等淡水浮游动物为主，仔蟹的饲料以仔蟹配合饲料为主。饲料要求营养丰富、新鲜，颗粒大小要适中，投喂量要充足。可投喂豆浆、鸡蛋黄，也可用搅碎的螺肉、蚌肉或用粉碎的颗粒饲料投喂，还可捞取红虫、水蚯蚓等投喂。每天喂3～4次，投饲率50%左右。随着仔蟹的不断成长，后期可占体重的10%～15%。饲料要撒在水草茎叶上，分散均匀地投喂。

（5）日常管理　要勤检查网箱是否破损，以防逃苗。定期洗刷网衣，以防堵塞网眼，使箱内外水体交换不畅。要防止水老鼠、水蛇等进入箱内危害蟹苗。

（6）及时收获　蟹苗在网箱里培育20天左右时，即蟹苗蜕壳3次变为Ⅲ期仔蟹（图2-6）时，就应及时收获，转入土池等培育蟹种，以免在箱内大小悬殊或密度过高而发生同类相残现象影响成活率。

图2-6 Ⅲ期仔蟹

3. 水泥池培育仔蟹

水泥池培育仔蟹，具有密度大、占地面积小、操作和捕捞方便等优点，但水泥池造价昂贵，管理上要求精细并且由于蟹苗成活率较低，目前已较少采用。

（1）水泥池条件 面积一般在10平方米以上、100平方米以下，以20平方米左右为宜。池深1米左右，池形方、圆均可。要安装进出水系统，出水口处要有网罩，并安装纳苗管。池顶要有遮阳物，池底进水处要稍高于出水处，呈一定的坡度，池底要铺3 ~ 5厘米厚的沙土并放些碎砖、瓦，便于仔蟹栖息。池壁上部要光滑，池沿四周要用塑料薄膜等遮挡，以防仔蟹逃逸。另外，水泥池还要配备罗茨鼓风机用以增氧。

（2）准备工作 新建的水泥池要用清水浸泡几天，并多次换水后才能投放蟹苗，旧池放苗前要用0.1克/升漂白粉溶液洗刷一遍。池内要投放占总水面50%左右的水草等作为附着物。注水40～50厘米，适量施用有机肥，预先培养浮游生物，为蟹苗下塘准备良好的生态环境和饵料基础。可以在水泥池内放置芦苇叶及其茎束、经煮沸晒干的柳树根须等供蟹苗栖息、隐蔽的附着物。

（3）蟹苗投放　条件一般的水泥池，每平方米可放苗5000～6000只；条件较好的，可经常换水或可保持微流水的水泥池，每平方米可放蟹苗1万只左右。

（4）饲料投喂　虽然蟹苗下塘前施肥培育浮游生物，但不能满足仔蟹生长发育的需要，还要投喂一定的水蚤、剑水蚤、豆浆、鱼粉等富含营养的饲料。每天可分2～3次抛撒豆浆、豆粉、鱼粉等饲料，也可以投喂仔蟹配合饲料，日投喂量为仔蟹体重的20%～30%。要注意均匀抛撒，多投在水草叶片上。经常检查摄食情况，若发现投的饲料被吃完，可适量增加；反之，则应减少。

（5）水位控制　水泥池培育时水位不宜太深，以免刚蜕壳仔蟹因受压力太大在水底易窒息死亡，一般水深控制在30～50厘米。

（6）水质管理　由于水泥池培育仔蟹的密度高，因此残饵和排泄物较多，极易造成水质恶化而使蟹苗死亡。因此，需要不断地换水、排污以提高仔蟹的成活率。换水主要是靠不断的缓流水来保持水质清新，并且每隔5小时左右换池水1次。排污方法有两种：一是采用虹吸法，即把虹吸管一端插入池底，另一端放在池外排污小网箱内，池内虹吸管的一端慢慢移动，便于池底污物排出池外，立即捡起被排在箱内的少数仔蟹放回原池；二是在接近水泥池尾端挖一个面积0.6米^2、深10～15厘米的水池坑，上盖筛绢，下设排污管排污。另外还应使水体含盐量由少到无，成为纯淡水。

（7）分池放养　蟹苗蜕壳3～5次后变为仔蟹，个体由160000只/千克变为4000～20000只/千克，体重增加了8～40倍，必须及时分池放养。否则，池内仔蟹将因密度过大而自相残杀，影响成活率及生长发育。

四、仔蟹的捕捞和运输

1. 仔蟹的捕捞

仔蟹捕捞可采用以下四种方法。

（1）流水刺激法　将池水排浅，反复进排水，利用仔蟹的逆水性，在进水口反向安装有倒须的网袋捕捉仔蟹。

（2）抄网抄捕法　将水花生或水葫芦放置池中成小垛，利用仔蟹喜欢爬到水草上的习性，反复用抄网托水草，捕捞其中的仔蟹。

（3）灯光诱捕法　在晴天抽去大部分池水，留30厘米左右深的水，到晚上仔蟹便会上岸。在池塘四角沿防逃墙边各埋一口扁缸，缸沿与地面相平，缸内放少量细沙，在缸上方安置电灯。由于河蟹有趋弱光的特性，因此会自动爬入缸内。

（4）地笼捕捞法　将数个密眼地笼直接安置在池塘中，每天清晨和傍晚各收取一次仔蟹。

2. 仔蟹的暂养与运输

（1）仔蟹暂养　池塘捕捞的仔蟹建议挂箱暂养，通过挂箱漂洗仔蟹体表及鳃上的污泥。暂养时间不超过2天，供长途运输的仔蟹挂箱漂洗时间不低于6小时。

（2）仔蟹包装　一般采用网布袋包装，网布袋选用平纱网布缝合而成，规格为30厘米×20厘米。每袋装仔蟹0.5～1千克，袋内可放少量洗净的新鲜水花生，扎紧袋口使袋内有较大空余空间，平放于蟹苗箱内。每个蟹苗箱放2～4袋，6～8层蟹苗箱捆成一捆运输。

（3）仔蟹运输　装车前车箱内铺垫浸透的草席或麻袋。温度较高时要加冰块降温。途中适宜喷洒少量水，低温不洒水。防止风吹、日晒、雨淋，保持通风透气。

第三章 蟹种培育技术

蟹种是河蟹养殖的基础，大规格优质蟹种是成蟹养殖成功的关键。目前，蟹种培育主要采取两种方式：一是池塘培育蟹种，二是稻田培育蟹种。稻田培育蟹种大多是由蟹苗直接培育成蟹种，即蟹苗一次放足，中期适当调整。池塘培育蟹种既可以由蟹苗直接培育成蟹种，也可以先把蟹苗培育成Ⅲ期仔蟹或Ⅴ期幼蟹，再扩大到二级培育池培育成蟹种。

第一节 池塘培育蟹种

一、技术要点

1. 培育池条件

（1）培育池要求　培育池应选择靠近水源、水量充沛、水质清新、无污染、进排水方便、交通便利的池塘，池塘土质以黏壤土为宜，要求淤泥厚度5 ~ 10厘米，淤泥过多应清除。面积一般1 ~ 3亩，形状为东西向长方形，长宽比1∶4左右，宽度不超过30米，池塘埂坡比1∶（2.5 ~ 3.0），池深1.0 ~ 1.2米。一般在池内离池埂2米外开挖1.5 ~ 2.0米宽的环沟，沟深0.7 ~ 0.8米。也有些地方池塘培育蟹种不开挖环沟。尽可能增加培育池的池埂周长，满足蟹种沿岸栖息习性，有利于取得高产。

（2）配套设施　池埂四周用50 ~ 60厘米高的钙塑板、水泥瓦、加厚塑料膜等材料围成一圈，作防逃设施（图3–1）。如有条件可在池塘四周用1.5米左右高的网片围一圈防止蛙类、蛇类等敌害生物进入。电力、排灌机械等基础设施配套齐全并按0.15 ~ 0.2千瓦/亩动力配备微孔增氧设施。配套设施要求

图3-1　防逃设施

在4月之前安装到位。

2. 放养前的准备

（1）清塘消毒　4月上旬，在防逃设施安装后，加水至最大水位，然后采用密网拉网除野，同时采用地笼捕灭敌害生物。4月下旬重新向池内注入新水20厘米，每亩用生石灰70 ~ 80千克或漂白粉15千克左右彻底清塘（图3-2）。

图3-2　生石灰清塘

（2）水草栽种　在培育池中种植水草，常见的品种有轮叶黑藻、伊乐藻、水花生、水葫芦、浮萍等。在长江中下游通常在水面栽种水花生（图3–3）、水下层栽种轮叶黑藻或伊乐藻。水花生占水草的70% ~ 80%，沉水性水草占20% ~ 30%。没有环沟的培育池，将水加至30厘米左右后栽种水草，伊乐藻或轮叶黑藻栽种在深水区，水花生栽种在浅水区。有环沟的培育池，伊乐藻或轮叶黑藻栽种在沟中，水花生栽种在板田上。先将水加至板田上15 ~ 20厘米，在板田上栽种水花生，3天后慢慢将水位降低，2天降到沟中留水深30厘米左右，在沟中栽种伊乐藻或轮叶黑藻。水草下池前一定要进行消毒处理，防止带入敌害生物。

（3）培肥水质　在放苗前7 ~ 10天，用60目网片过滤进水，水深达30 ~ 40厘米时即可培肥水质。如是老池塘，池底较肥，每亩用复合肥2.0 ~ 2.5千克或生物肥料15 ~ 20千克兑水全池泼洒。如是新开挖塘口，则每亩另加尿素0.5千克，或每亩施经腐熟发酵后的牛粪、猪粪、鸡粪等有机肥150 ~ 250

图3–3　水面栽种水花生

千克。施肥后，有增氧机的塘口，应开启增氧机，提高水体溶解氧，加快有机物分解。

（4）抗应激处理　放苗前2小时全池泼洒抗应激药物，帮助蟹苗或仔蟹适应新环境，减少蟹苗或仔蟹的应激反应，提高成活率。

3．苗种放养

（1）蟹苗放养模式　蟹苗放养时间以5月中旬为宜，太早易造成蟹种性早熟的比例过高，太迟易造成蟹种规格偏小。放养蟹苗时要求天气晴好，尽可能避免冷空气侵袭或长期阴雨天气。蟹苗放养量为1.0 ~ 2.0千克/亩。放苗时，先用池水淋洒2 ~ 3次，每次淋洒后放置1 ~ 2分钟，让蟹苗适应水温和吸足水分，然后将蟹苗箱倾斜地放入水中，用手由蟹苗箱后面向箱底方向轻轻地划水，帮助蟹苗慢慢地自动散开游走，切忌一倒了之。放苗时动作要快，千万不要将蟹苗长时间暴露在太阳下或风口，也不要在下风口放养。

（2）仔蟹、幼蟹放养模式　Ⅲ期仔蟹放养时间以6月上旬为宜，Ⅴ期幼蟹放养时间以6月中下旬为宜。放养仔蟹、幼蟹时要求天气晴好，一般Ⅲ期仔蟹每亩放养量为8万 ~ 12万只，Ⅴ期幼蟹每亩放养量为6万 ~ 8万只。放苗时，先用池水淋洒2 ~ 3次，每次淋洒后放置1 ~ 2分钟，让仔蟹、幼蟹适应水温和吸足水分，再把装仔蟹、幼蟹的网袋打开放在池中水草边让仔蟹、幼蟹自由爬出。

（3）鱼苗放养　仔蟹、幼蟹放养模式下，可以每亩放养鲢、鳙夏花300 ~ 500尾以净化水质；蟹苗放养模式下，在6月仔蟹进入Ⅲ期以后再放养鲢、鳙夏花。

4．饲料投喂

（1）培育前期（苗种放养至7月初）　蟹苗下塘后至Ⅱ期仔蟹，以池中的浮游生物为饵料。若池中浮游生物不足，适当补充人工饲料。Ⅱ期仔蟹后投喂蛋白质含量38% ~ 42%的蟹种专用破碎料，Ⅱ期至Ⅲ期日投喂量15%左右，每天投喂4 ~ 5次；Ⅲ期至Ⅵ期日投喂量10%左右，每天投喂

3次。

（2）培育中期（7 ~ 8月） 此时正是高温期，为防止营养过剩造成蟹种性早熟比例过高，改投喂蛋白质含量28% ~ 30%的配合饲料，正常天气时日投喂量3.0% ~ 5.0%，每天投喂1 ~ 2次，投喂时应将饲料均匀地撒在池塘四周浅水区。

（3）培育后期（9 ~ 11月） 此期是促生长阶段，改投蛋白质含量38% ~ 40%的配合饲料，对蟹种进行强化培育，让蟹种积累足够营养，提高越冬成活率。

5. 日常管理

（1）水位水质管理 良好的水域环境不仅适宜河蟹生存，而且有利于河蟹处于最适生长条件下快速生长。为此，要加强水质管理，确保池塘有充足的溶解氧、适宜的pH和清新的水质。

① 水位控制 5 ~ 6月水位控制在40厘米左右；7 ~ 8月水位控制在1米以上；9 ~ 10月，温度低于30℃后，水位降至80厘米左右；11月底温度较低时，再加水至85 ~ 90厘米。

② 水质调节 通过施肥、换水、使用微生态制剂等方法调节水质。7 ~ 9月，每7 ~ 10天用微生态制剂调水1次、改底1次；4 ~ 9月，每月定期使用生石灰10 ~ 15千克/（亩·米）化水泼洒全池，调节水体酸碱度，抑制病菌繁殖，使池水保持“肥、活、嫩、爽”。使用生石灰应避开河蟹蜕壳期。如果池水pH超过8.5，应控制生石灰的使用。

③ 适时增氧 溶解氧是制约蟹苗蜕壳生长的关键因素，及时开启增氧设施（图3-4），可促进河蟹的生长并提高成活率。在幼蟹快速生长的5 ~ 10月，正常天气半夜开机至翌日黎明，闷热天气傍晚开机至翌日黎明，阴雨天全天开机。

（2）蜕壳管理 在蟹种培育过程中最重要的一项工作就是做好蟹种的蜕壳管理。在一个池塘中，蟹种的蜕壳时间太长，容易造成自相残杀，其成活率必然低。因此，必须采取措施促进蟹种同步蜕壳。

① 投喂 每次蜕壳来临前，增加投喂动物性饵料或投喂

图3-4　开启增氧设施

混有蜕壳素的配合饲料，结合新鲜流水刺激，对促进河蟹蜕壳有良好的作用。

② 补充钙质　当发现少量蟹种开始蜕壳时，在池塘内泼洒15毫克/升的生石灰水，以增加水体中钙离子的含量，促进蜕壳。也可以全池泼洒能补充钙质的水产投入品。

（3）水草管理　水草不仅是幼蟹栖息、避敌、蜕壳、防暑降温的场所，而且能净化水质、增加水体溶解氧，还是幼蟹喜食的植物性饲料，对幼蟹有一定的药理作用，因此必须加强水草管理。养殖过程中水草覆盖率应保持在60% ~ 70%，过多、过密要稀疏，过少要及时补充。加水时不能一次加太多，以能看见水下的水草为度，防止水草因缺少光照而腐烂。

二、江苏省典型模式：临湖模式

通过引进、筛选河蟹亲本，结合定向繁育河蟹幼苗技术、栽种多品种水草为主的池塘生态修复技术、优质饲料配制及科学投喂技术、微生态制剂的科学使用技术、池塘微孔增氧技术等，形成以“良种、深池、种草、营养、控水”为核心的河蟹良种生态育种新技术，即临湖河蟹育种模式。临湖模式实现了“1亩池塘、放1.5千克蟹苗、产250千克优质蟹种”的目标，大规格（7克/只以上）优质率达87%，所育蟹种质量达到长江水系中华绒螯蟹种质要求。

1. 引进亲本良种，进行定向育苗

从长江天然水域引进并筛选出长江水系中华绒螯蟹特征明显、性腺发育好的规格不低于200克/只的江蟹为育苗亲本，通过专池强化饲养及定向人工繁育，挑选出长江水系中华绒螯蟹特征明显的蟹苗为育种幼苗。

2. 营造育种池生态环境

（1）彻底清塘消毒　育种池经过一年的生产，池中存在大量残饵、粪便、水生动物尸体等有害物质、病原体及藏于泥土洞穴中的蟹种，因此在蟹种起捕后，应及时对育种池做好清塘消毒工作。清塘消毒工作一般分三次进行：第一次进行高水位清塘，将池水加至超过养殖最高水位，用生石灰300千克/亩化水，将生石灰水趁热沿池坡浇注，以杀死及呛出池坡穴居洞中的蟹种；第二次用生石灰200千克/亩化水进行超低水位全池泼洒，杀灭池底有害生物和病菌；第三次待水草移栽后，采用茶粕杀灭移栽水草时带进的有害生物。

（2）移栽多品种水草　采用移植水草为特色的生态修复措施，在育种池内营造好的生态环境。一是在池中移植水花生，移植面积约占水面的60%；二是在未移植水花生的区域按每1 ~ 2平方米种植一簇伊乐藻的要求栽种伊乐藻；三是在育种池四周浅水区栽种挺水性植物；四是在水面培育紫背浮萍和青萍。移栽水生植物不仅为幼蟹提供丰富的植物性饲料，为幼蟹提供了栖息场所和蜕壳隐蔽物，而且通过水草的遮蔽作用，在高温季节降低了池水水温，保持幼蟹正常生长发育，降低了幼蟹性腺早熟率，还可通过水草吸收池水中的氮、磷以净化水质，保持水质清新。

（3）整修池塘和防逃设施　经过上一年的生产操作，育种池的池埂、池坡及围栏防逃设施经风吹、日晒、雨淋及池水的

浸泡，会有一定破损，在蟹种销售结束后，必须抓紧时间进行整修。

（4）培肥水质　放苗前7 ~ 15天，育种池应加注新水和施足基肥以培育浮游生物，使蟹苗下塘时有充足的适口饵料，并使池水保持“肥、活、嫩、爽”。

3. 坚持标准，放好蟹苗

（1）按要求验收蟹苗　采取“四看一抽样”的方法验收判别蟹苗品质：一看蟹苗是否满7日龄，淡化时间在3 ~ 4天以上，是否是同一批蟹苗，规格是否一致，以防高日龄的蟹苗残食低日龄的蟹苗；二看蟹苗体色是否一致呈姜黄色，防止嫩苗、老苗参差不齐；三看活力强弱，用手握是否有硬壳感，手松后蟹苗是否迅速爬开，以检验蟹苗是否健壮和活动力强弱；四看生产记录，了解繁育期的饲养管理和用药情况，以防亲本混杂和使用违禁药物及投入品。抽样计数，看蟹苗规格是否在12万 ~ 16万只/千克，以判别蟹苗质量。

（2）按规范放好蟹苗　蟹苗放养直接影响当年产量、规格和效益，因此在蟹苗放养时必须按规范要求抓好以下几方面工作。

① 放养日期　一般为4月底至5月中旬，最迟不得超过5月25日。

② 放苗时间　一般在晴天上午6：00 ~ 9：00。

③ 重视蟹苗运输　蟹苗运输最适宜气温为15 ~ 20℃，蟹苗箱内密度不能过大。蟹苗箱既要保持湿润，又要严防积水。运输要处于低温状态，防止风吹、日晒、雨淋。

④ 放养方法　抓好三次“着水”处理以提高蟹苗成活率；采取多点放苗的方法使蟹苗在池中均匀分布。

⑤ 控制放养密度　放养量根据育种池面积、幼体质量及计划产量而定，一般控制在1 ~ 1.5千克/亩。切忌一个育种池多次放苗。

4. 强化饲养管理

（1）科学投喂　在蟹种培育过程中既要加强营养，保证正常发育，又要防止性早熟。为此，要根据仔蟹、幼蟹不同的发育阶段和生长环境，进行科学投喂。

① 蟹苗下塘时　以池中浮游生物为主。

② 育种前期　Ⅰ期至Ⅲ期仔蟹阶段，投喂粗蛋白含量为42%的“0”号饲料，日投饲量为池中仔蟹重量的8% ~ 10%，分多次进行全池投喂。

③ 育种中期　Ⅲ期至Ⅴ期仔蟹阶段，投喂粗蛋白含量为32% ~ 38%（其中植物性蛋白质占60% ~ 70%）的全价饲料，日投喂量为池中仔蟹重量的5% ~ 10%，分上午及傍晚两次全池投喂，下午一次为总量的60% ~ 70%。

④ 育种后期　Ⅴ期以后，将以动物性蛋白质为辅逐渐转变为动物性、植物性蛋白质并重，日投饲量应保持在幼蟹体重的5% ~ 8%，同时搭配一些浮萍等青饲料。

（2）深池育种　育种池不仅要求面积适宜、坡度大、池底平坦，而且池塘深度要求达到1.8 ~ 2.0米，最高水位可保持在1.5 ~ 1.8米。深池育种在高温闷热季节所产生的氧债，通过池内安装的微孔底增氧设施加以补偿。采用深池培育蟹种的优点：一是容水量大，水质不易突变；二是水草垂直分布面积大，幼蟹易选择最佳水层栖居生长，隐蔽物多，在蜕壳时不易自相残杀；三是有效积温低，可比浅水池塘少蜕壳一次，降低性早熟比例；四是防止伊乐藻高温烂草并延长伊乐藻的生长期。

（3）搞好水质调控　根据仔蟹和幼蟹的生长情况、天气情况及水质变化，及时调控水质是优质高产育种的关键，建议采取以下措施。

① 肥水下塘　蟹苗下塘前7 ~ 15天，加注新水，使用过磷酸钙及有机肥，将池水调至黄褐色或黄绿色（图3-5），以培养大量浮游生物。待蟹苗放养时，有充足的适口饲料，水位应控制在50 ~ 60厘米。

② 防暑降温　盛夏季节，将池水加至池塘最高水位，同时使水草覆盖率保持在池塘总面积的70%左右，以防止水温

图3-5　水黄绿色

过高，降低幼蟹有效积温。

③ 防止池水下层缺氧　一般每半个月换水一次，在高温季节及气候突变时及时加注新水。加注新水应在早晨水温较低时进行，开启增氧机一般在池中溶解氧含量小于5毫克/升时进行，使池水溶解氧含量始终保持在5毫克/升以上。

④ 做好水质监管　通过水质在线监控信息数据结合水质变化状况及时用生石灰、微生态制剂等调节水质。

⑤ 做好病害防治　采用国标渔药预防及杀灭仔蟹、幼蟹所患病虫害，严格监管投入品的使用，杜绝有害物质用于育种池。

5. 认真做好管理工作

（1）加强日常管理

① 每天坚持早中晚巡塘，仔细观察仔蟹和幼蟹的摄食、活动、蜕壳情况以及水质变化情况，如发现异常，及时采取措施。

② 经常检查仔蟹、幼蟹生长情况，及时调整管理措施。

③ 在培育池四周设置捕捉鼠、蛙器械，防止老鼠、青蛙、蟾蜍等捕食仔蟹、幼蟹。

④ 下雨加水时是幼蟹最活跃时期，必须做好进出水处、池埂渗水处及四周的防逃工作，特别是大风或暴雨后，及时检

查加固防逃设施。

⑤ 抓好病害防治和池塘环境卫生工作。

⑥ 深秋以后，采用各种措施将培育池中的早熟小绿蟹（图3-6）清除掉。

图3-6　早熟小绿蟹

（2）加强越冬管理

① 抓好幼蟹越冬前期的饲料投喂，确保幼蟹有足够的能量过冬和冬后正常生长，必须在立冬后幼蟹未进草堆前投喂蛋白质含量高的饲料。

② 11月水温降至10℃左右，水花生经霜打开始落叶后将水花生集中成堆，使幼蟹进入草堆中越冬。要求草堆下面要碰到池底，上面不能离水过高。

③ 深水肥水越冬，将池水水位加至1.2 ~ 1.5米，用有机肥肥水。

6. 幼蟹起捕

在秋冬11月中下旬，幼蟹会进入水花生堆越冬。幼蟹起捕时只要将抄网从草堆下托起水草，将水草捞出，幼蟹就在网中。采用这种方法，第一次可起捕池中幼蟹的70%左右，第二次还可捕15% ~ 25%（图3-7）。

7. 蟹种质量标准

（1）长江水系中华绒螯蟹外形特征（图3-8）明显：头胸

图3-7　幼蟹起捕

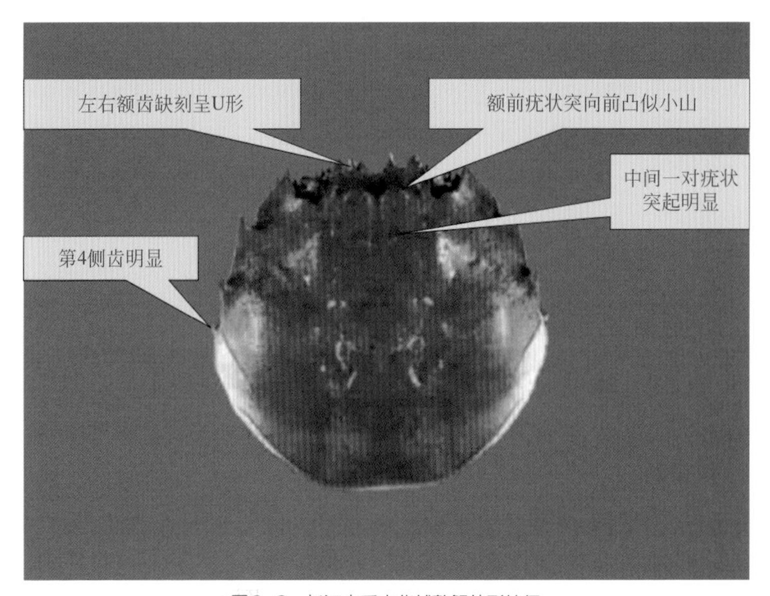

图3-8　长江水系中华绒螯蟹外形特征

甲隆起明显，4个额齿缺刻深，第4侧齿小而尖明显，第二步足细长，弯曲折叠后的长度比额齿更长。

（2）二螯八足健全，蟹体无磨损和外伤。

（3）幼蟹活动迅速，反应敏捷。

（4）幼蟹色泽明亮，体表洁净，无附着物和寄生虫。

（5）规格整齐，一般达100 ~ 200只/千克。

（6）未使用国家禁止使用的药物及相关投入品。

三、安徽省典型模式：水阳模式

通过异地选择雌雄亲本，控制亲本规格，结合两次清塘消毒、三次“着水”处理放苗、放养密度控制、科学投喂等技术措施，培育出具有规格大、整齐度高、性早熟比例低、所带病害微生物少和养殖成活率高等特点的长江水系中华绒螯蟹蟹种。

1. 亲本的选择

雌雄亲本要求异地选择，最好选择天然水域中人工放流的河蟹，雌蟹规格为110 ~ 120克/只，雄蟹规格为175 ~ 200克/只。

2. 池塘条件

育种池面积2 ~ 3亩，最高水位可保持在1.5 ~ 1.8米。池底淤泥厚度不超过10厘米，进出水口呈对角设置并用60目网片扎牢，防止鱼卵、野杂鱼等进入。育种池四周建立防逃措施。

3. 清塘消毒

育种池经过一年的生产，池中存在大量病菌和腐殖质，而且不少蟹种因打洞深藏于泥土中而难以捕净。如不彻底清塘消毒，势必影响来年育种的成活率。所以在蟹种起捕后，用生石灰100 ~ 150千克/亩，分两次对池塘进行彻底清塘消毒，待水草放好后，再用茶粕杀灭有害生物。

4. 蟹苗的选择

蟹苗要求体色一致呈姜黄色（图3-9），将蟹苗抓于手中握成一团，松手能迅速散开。

图3-9　蟹苗体色呈姜黄色

5. 蟹苗放养

放苗时间选择晴天上午8:00 ~ 10:00或下午3:00 ~ 5:00，晚上不宜放苗。蟹苗放养时，注意蟹苗运输的温度和育种池的水温差不能超过2℃，特别是经过长途运输，且运输过程中采取降温措施的蟹苗，更应注意防止温度的骤变。蟹苗经过长途运输，体内水分流失较多，如不采取“着水”处理，蟹苗极容易因吸水过多而死亡。所以在蟹苗放养时，应进行三次“着水”处理。具体方法：先将蟹苗箱放在池埂上，淋洒池水，5分钟后将蟹苗箱放入池塘内着水1 ~ 2秒钟后提出，待3 ~ 5分钟后，再放入塘内着水3 ~ 5秒钟提出，再等5分钟后，将蟹苗箱放入池内，倾斜箱口，让蟹苗慢慢地自动散开游走。蟹苗放养时不能集中放在一起，应在池塘四周选多个点分散放苗。一般每亩放养蟹苗1 ~ 1.25千克。

6. 肥水下塘

通过肥水为蟹苗提供大量适口的天然饵料，有利于提高蟹苗的成活率。一般在蟹苗下塘前7天左右施发酵过的有机肥150 ~ 200千克/亩，也可以在蟹苗下塘前3 ~ 4天使用商品生物肥料1.0 ~ 1.5千克/亩。

7. 水质调控

（1）早期　水位要浅，放苗时水位控制在40厘米左右，放苗后适量加水5 ~ 10厘米，至6月下旬水深增加到70 ~ 80厘米。

（2）夏季　水位要深，水位控制在1.5米左右，防止水温过高影响幼蟹生长，并可以预防蟹种性早熟。一般性早熟比例控制在5%左右。

（3）冬季　水温要稳，控制在1.2 ~ 1.5米。冬季的水温低，蟹种很少活动，池水要相对稳定，避免水位过低气温骤降时冻伤蟹种。

8. 水草管理

水草是河蟹养殖的关键，幼蟹的成活率与水草有着直接的关系。水草不仅为河蟹提供蜕壳隐蔽场所，减少相互残杀，同时还可以降低水温，净化水质，为河蟹提供植物性饲料，有利于河蟹的生长。育种池主要种植水花生，夏季适当增加浮萍，水草面积占水面积的70%左右。

9. 投喂管理

（1）仔蟹Ⅰ期　每千克蟹苗每天投喂开口饲料1千克，粉碎后加水每天分5 ~ 6次均匀泼洒。

（2）仔蟹Ⅱ ~ Ⅴ期　每千克蟹苗每天投喂饲料2千克，日投喂4次，随后投喂次数减少到2 ~ 3次，投喂量适量增加，直至6月底。

（3）高温季节　7 ~ 8月主要投喂2号或3号幼蟹料，并适当投喂植物性饲料，不投喂动物性饵料。

（4）秋季管理　此时水温适宜，幼蟹活动量大，是幼蟹生长的高峰期，应加大投喂量，并增加动物性饵料的投喂，以增强幼蟹体质，利于幼蟹安全过冬。

10. 越冬管理

（1）加强投喂，增强体质，以动物性饵料为主。

（2）提高水位，稳定水温，水位保持在1.2 ~ 1.5米，防止冷空气来袭造成水温突变，导致蟹种冻伤、冻死。

（3）通过使用微生态制剂和底质改良剂调节水质。

第二节　稻田培育蟹种

一、技术要点

1. 环境条件

稻田选择环境安静、水源充足、水质良好、无污染、进排水方便的田块。土质以壤土为好，黏土次之。要求养殖水源的盐度在2以下。

2. 田间工程

（1）稻田面积　一个养殖单元以5 ~ 20亩为宜，方便管理和能够满足河蟹生长要求。

（2）环沟开挖　距稻田田埂内侧60厘米处挖环沟（图3-10）。环沟上口宽100厘米，深60 ~ 80厘米。环沟面积严格控制在不超过稻田总面积的10%。

图3-10　挖环沟

（3）暂养池　选择临近水源的稻田、沟渠，按养蟹面积的10% ~ 20%修建暂养池（图3-11）。暂养池设在养蟹稻田一端，或用整格的稻田。暂养池四周应设防逃设施。耙地两天后每亩施入50千克生石灰清塘，进水前每亩按200千克施入发酵好的鸡粪、猪粪等农家肥，进水后耙地时翻压在底泥中。农家肥不但可以作为水稻生长的基肥，而且还可以培养枝角类、桡足类作为幼蟹的天然饵料。暂养池内移栽水草，水草种类有苦草、马来眼子菜、轮叶黑藻、金鱼藻、浮萍等。水草不仅是河蟹良好的植物性饲料，而且水草多的地方，各种水生昆虫、小鱼虾、螺蚌蚬类及其他底栖动物的数量也较多，这些都是河蟹适口的动物性饵料。

（4）田埂　稻田的田埂应加固夯实，要求顶宽50 ~ 60厘米，高60厘米左右，内坡比为1∶1。

（5）进排水　进、排水口应呈对角设置，进、排水管长出

图3-11　暂养池

田埂30厘米，设置防逃网套住管口，防逃网用60目网片制作。

（6）防逃设施　每个养殖单元在四周田埂上构筑防逃设施（图3-12）。防逃设施材料一般采用尼龙薄膜，将薄膜埋入土中10 ～ 15厘米，剩余部分高出地面50 ～ 60厘米，其上端用铁丝或尼龙绳作内衬，将薄膜裹缚其上，然后每隔40 ～ 50厘米用竹竿作桩，将尼龙绳、防逃薄膜拉紧，固定在竹竿上端，接头部位避开拐角处，拐角处做成弧形。

（7）防敌害设施　青蛙、水鸟和老鼠对幼蟹的危害很大，如在暂养池中发现，要立即清除或轰走。

3. 水稻种植

（1）稻种选择　选择抗倒伏、耐涝、抗病能力强、米质优良的适合当地环境的稳产水稻品种。

（2）田面整理　要求田块平整，一块稻田内高低差不超过3厘米。土壤细碎、疏松、耕层深厚、肥沃、上软下松，为

图3-12　防逃设施

高产水稻生长创造良好的土壤环境。稻田每年旋耕一次。插秧前，短时间泡田，并多次水耙地，防止漏水漏肥。

（3）秧苗栽插（图3-13） 要求在5月底前完成插秧，做到早插快发。大面积采用机械插秧，通过人工将环沟边的边行密插，利用环沟的边行优势弥补工程占地减少的穴数。亩有效栽插1.35万穴左右。插秧时水层不宜过深，以2 ~ 5厘米为宜。每穴平均3 ~ 4株，插秧深度1 ~ 2厘米，不宜过深。

（4）晒田 水稻生长过程中的晒田是为了促进水稻根系的生长发育，控制无效分蘖，防止倒伏，夺取高产。生产实践中总结的晒田经验是“平时水沿堤，晒田水位低，沟溜起作用，晒田不伤蟹”。通常养蟹的稻田采取“多次、轻晒”的办法，将水位降至田面露出水面即可，也可带水“晒田”，即田面保持2 ~ 3厘米水进行“晒田”。晒田时间要短，以每次2天为宜，晒田结束随即将水恢复至原来的水位。

图3-13 秧苗栽插

（5）施肥　应用测土配方施肥技术，配制活性生态肥或常规肥（当地习惯用肥），在旋耕前一次性施入90%左右，剩余部分在水稻分蘖期和孕穗期酌情施入。每次不得超过3千克/亩。

（6）水位控制　稻田水位应采取“春季浅，夏季满，秋季定期换”的水质管理方法。春季浅是指在秧苗移栽大田时，水位控制在15 ~ 20厘米，以后随着水温的升高和秧苗的生长，应逐步提高水位至20 ~ 30厘米；夏季满是因为夏季水温高，昼夜温差大，因而将水位加至最高可管水位；秋季定期换水，严格地说是进入夏季高温季节后要经常换水，一般每5 ~ 7天换水1次。考虑到河蟹喜欢傍晚摄食、活动的生活习性，换水一般在上午进行。

（7）病虫害防治　病虫害防治参照标准NY/T 5117—2002《无公害食品 水稻生产技术规程》执行，不得使用有机磷、菊酯类、氰氟草酯、噁草酮等对河蟹有毒害作用的药剂。在严格控制用药量的同时，先将田内灌满水，用茎叶喷雾法施药，用喷雾器将药物喷洒在水稻叶片上面，尽量减少药物淋落在稻田内水中。用药后，若发现河蟹有不良反应，立即采取换水措施。注意避开河蟹蜕壳高峰期施药。

（8）日常管理　每天早中晚各巡池一次，观察并记录蟹苗的活动情况、防逃设施和田埂及进出水口处有无漏洞、饲料的剩余情况、池内的敌害情况等，有条件的养殖户还要定期测量稻田内的水温、pH、溶解氧、氨氮、亚硝酸氮等指标，发现问题及时采取措施。

（9）水稻收割　收割水稻时，为防止收割水稻时伤害河蟹，可通过多次进、排水，使河蟹集中到环沟、暂养池中，然后再收割水稻。

4. 蟹种培育

（1）蟹苗来源　蟹苗来源于有苗种生产许可证、苗种检疫合格、信誉好的蟹苗生产厂家。

（2）蟹苗质量　蟹苗的质量生产上采用“三看一抽样”的

方法（看体色是否一致、看群体规格是否均匀、看活动能力强弱、抽样检查蟹苗规格），一般每千克大眼幼体在14万～16万只为优质苗，16万～18万只为中等苗，超过18万只为劣质苗。

（3）运输　蟹苗用专用蟹苗箱运输。蟹苗装箱后，将其摊平，厚度以2厘米为宜，将最上面的箱体封死或用一空箱，把箱平稳放在运输车内。在运输途中，要保持湿度，可用湿毛巾或湿麻袋盖在蟹苗箱上方和四周；要防止风吹、雨淋和曝晒，若运输时间超过1小时，还要向遮盖物适量喷水；运输途中温度要保持在25℃以下，若运输时间超过5小时，要采取降温措施，将温度保持在10～15℃。长途运输可采用保温箱网袋装蟹苗、加冰降温等方式。蟹苗运输最好在夜间或阴天进行。

（4）蟹苗暂养　蟹苗一般要进行先期暂养以提高成活率，暂养密度以2～3千克/亩为宜；也可以直接放入养殖稻田，放苗密度以0.15～0.2千克/亩为宜。

（5）暂养池准备和管理　暂养池设在养殖稻田一角或边沟，也可以用整格的稻田。安装防逃设施，保持水深在20～30厘米。进水前施入腐熟鸡粪或猪粪200千克/亩以培育天然饵料。

① 放苗方法　放苗时，注意蟹苗温度和养殖池的水温差不能超过2℃，特别是经过长途运输，且运输过程中采取降温措施的蟹苗，更应注意防止温度的骤变。

② 放苗过程　先将蟹苗箱放置池埂上，淋洒池水，然后将蟹苗箱放入水中，倾斜让蟹苗慢慢地自行散开，如果有抱团现象，用手轻轻撩水呈微流状，让蟹苗散开。

③ 饲料投喂　蟹苗入池后的前3天以池中浮游生物为饵料，若水体中天然饵料不足，可捞取枝角类、桡足类等浮游生物投喂。蜕壳变Ⅰ期仔蟹后，投喂新鲜的鱼糜、成体卤虫等，日投喂量为蟹苗重量的100%左右，日投喂2～3次，直到出现Ⅲ期仔蟹为止。Ⅲ期仔蟹后日投喂量为体重的50%左右，日投喂2次。投喂方法采用全池泼洒。

④ 水质调控　蟹苗下池后，视池水情况，逐步加入经过滤的新水，水深保持在40厘米以上。视水质情况每隔5 ~ 7天泼洒生石灰水上清液调节pH值保持在7.5 ~ 8.0。

⑤ 日常管理　早晚巡池，观察仔蟹摄食、活动、蜕壳、水质变化等情况，检查防逃设施有无破损，发现异常及时采取措施。

（6）仔蟹放养和管理

① 仔蟹捕捞　蟹苗在暂养池长至Ⅲ ~ Ⅴ期仔蟹，规格达到5000 ~ 20000只/千克时，开始起捕，放入稻田进行蟹种培育。起捕采用进水口设置倒须网，流水刺激，利用仔蟹喜欢逆水上爬的特性，起网捕获。

② 仔蟹放养　在投放仔蟹前，将稻田中的水全部排干，用新水冲洗1 ~ 2遍注入新水后放苗，水深10厘米。一般在稻田插秧3周后放养仔蟹。仔蟹放养密度控制在Ⅴ期仔蟹1.5万 ~ 2.0万只/亩。

③ 饲料投喂　饲料种类有植物性饲料、动物性饵料和配合饲料。河蟹投饲量应根据摄食、天气、水质及蜕壳情况等灵活掌握并调整，一般以观察上次投饲后剩余饲料为准。

a.促长阶段。仔蟹进入大田后1个月为促长阶段，饲料要求动物性饵料比重在40%以上，或投喂配合饲料。日投喂量以仔蟹总重量的20% ~ 25%为宜，其中08：00投喂1/3，18：00投喂2/3。

b.生长控制阶段。以仔蟹入池60 ~ 80天计为蟹种生长控制阶段，一般每天18：00投饲一次。前20天日投动物性饵料或配合饲料约占蟹种总重量的7%，植物性饲料占蟹种总重量的50%。以后改为日投动物性饵料或配合饲料约占蟹种总重量的3%，植物性饲料占蟹种总重量的30%。

c.催肥阶段。仔蟹入池90天以后为蟹种生长的催肥阶段，要强化育肥15 ~ 20天，需增加动物性饵料、配合饲料及植物性饲料中豆饼等精饲料的投喂量，投喂量约占蟹种总重量的10%。

（7）水质管理　稻田水位一般在10 ~ 20厘米，高温季节在不影响水稻生长的情况下，可适当加深水位。养殖期间，有条件的每5 ~ 7天换水一次，高温季节增加换水次数，换水时排出1/3后，注入新水。每15天左右向环沟中泼洒生石灰，用量为15 ~ 20克/米^3。

（8）日常管理　仔蟹放养后进入蟹种培育阶段，从夏季天气多变阶段到秋季收获阶段，都是河蟹逃逸多发期，应加强管理，勤巡查，坚持每天早、中、晚巡田，主要观察防逃设施和进排水口的网片有无损坏，田埂有无漏水，掌握河蟹活动、摄食、生长、水质变化及有无病情、敌害等情况，发现问题及时处理，并做好记录。

（9）蟹种起捕　蟹种一般在水稻收割前后进行捕捞。捕捞方法：一是利用河蟹晚上上岸的习性，在田埂边挖坑放盆或桶；二是利用河蟹顶水的习性采用流水法捕捞，即向稻田中灌水，边灌边排，在进水口装倒须网，在出水口设置袖网捕捞；三是放水捕蟹，即将田水放干，使蟹种集中到环沟中，然后用抄网捕捞，反复排灌2 ~ 3次；四是水稻收割后，在稻田中投放草帘等遮蔽物，每天清晨掀开，捕捉藏匿于其中的蟹种。采用多种捕捞方法相结合，直至捕捞干净为止。起捕后的蟹种可直接销售或放入越冬池中越冬。

（10）蟹种越冬　起捕后的蟹种可直接销售或放入越冬池中越冬。越冬有冰下池塘越冬和非封冰池塘越冬等方式，北方稻田培育的蟹种一般采用冰下池塘越冬。

越冬池塘面积一般为5 ~ 15亩，水深保持在1.8 ~ 3米，池塘要求不渗漏，有补充水源，最好是连片池塘。越冬前清除池底淤泥，用生石灰200千克/亩消毒。然后进水，一次进足水量达到越冬水位，再用80 ~ 100克/米^{3}的漂白粉消毒。一般在5 ~ 7天后余氯即可消失，或者监测水中余氯达到0.3毫克/升以下时就可以使用了。越冬密度控制在750 ~ 1000千克/亩，蟹种投入越冬池的时机以水温降到8℃以下时为好。入越冬池前，蟹种要经过50克/米^{3}的高锰酸钾溶液浸泡3分钟后捞出放入池中。越冬期间溶解氧含量以5 ~ 10毫克/升为宜，低于此范围则检查水中浮游生物种类和数量，用潜水泵套滤袋的方式抽滤水中浮游动物（如枝角类、桡足类等），用挂袋施肥的方法增殖池水中的浮游植物；如果溶解氧高于此范围，则用凿冰扬水等或者控制冰面上雪层厚度和覆盖面比例的方法调整冰下光照抑制浮游植物生长。结冰前后要注意观察，采取措施防止乌冰大面积覆盖。冰层能够承载人和扫雪机械后，可以在冰面上及时清除积雪，调整冰下光照强度。同时在冰面上凿开冰眼，取样观察水色并测量不同深度的温度变化和溶解氧，以便及时采取措施。春季融冰前后要注意池塘表面和底层的溶解氧变化及分层，避免局部缺氧事故的发生。

二、辽宁省典型模式：盘锦模式

经过30多年的发展，辽宁省盘锦市已成为我国北方河蟹养殖基地，其苗种主要依靠稻田解决，其稻田培育蟹种技术在全国独树一帜。该模式根据蟹苗及仔蟹的生态要求，采用了稻田蟹种生态培育新技术，实现了养蟹稻田水稻不减产，亩产蟹种1.2万只，亩新增效益翻一番的目标。2019年盘锦市稻田饲养蟹种面积已达30万亩，年产蟹种1.8万吨左右，成为我国北方地区最大的辽河水系中华绒螯蟹苗种供应基地。

1. 稻田的选择与改造

（1）稻田的选择　以选择水源充足、水质良好、排灌方便、保水力强、无污染较规则的稻田为好。

（2）稻田蟹池的设计及修整　田埂要加高加固夯实，宽50 ~ 60厘米，高50 ~ 60厘米。为了给河蟹创造舒适的生长环境，稻田四周要开挖环沟。环沟在稻田内离田埂1.5 ~ 2.0米开挖，要求上宽3米、下宽1米、深0.8米。

（3）构筑防逃设施　为了防止河蟹外逃，需在稻田四周构筑防逃设施。可以用塑料薄膜、5号铁丝和木桩在田埂上构筑防逃设施。防逃设施高50 ~ 60厘米，埋入土中10厘米左右，并稍向稻田内侧倾斜。防逃设施要求内侧光滑，无支撑物，拐角处呈圆弧形。稻田的进、排水口应设在稻田相对两角处，采用陶管或PVC管为好。在水管内端设双层网包好，再设置40目的铁栅栏，以防止河蟹逃逸和青蛙、田鼠的危害；在外端再套一个较粗的网笼，防止进水时杂物或野杂鱼进入，以及内网破损河蟹逆流逃跑。

2. 准备工作

（1）清田施肥　在稻田移栽秧苗前10 ~ 15天，进水泡田，进水前每亩施130 ~ 150千克腐熟的农家肥和10千克过磷酸钙作基肥。进水后整田耙地，将基肥翻压在田泥中，最好分布在离地表面5 ~ 8厘米，耙地2天后每亩用30 ~ 40千克生石灰消毒，以达到清野除害的目的。进水10天后开始插秧，然后施肥培育水中的浮游生物，作为河蟹入池后的天然饵料。

（2）水草栽培　养蟹稻田在插秧之后，在环沟中需种植适量水草，以利于河蟹栖息、隐蔽和蜕壳。常用的水草有伊乐藻、金鱼藻、轮叶黑藻和苦草等。水草多的地方，由于水质清新，溶解氧充足，饲料丰富，河蟹一般很少逃逸。因此，环沟内种植水草，也是防止河蟹逃逸的有效方法。

3. 水稻栽培

（1）选择优良水稻品种　选择耐肥力强、秸秆坚硬、不易倒伏和抗病力强的高产水稻品种，目前盘锦广泛推广使用的蛟龙系列、龙盘系列、“294”和“辽星”等都适合在蟹种培育稻田栽培。

（2）培育壮秧　在播种前，选晴天把种子晾晒2 ~ 3天，在晾晒过程中，种子摊铺要薄，定时翻动。晒种具有增强种子活力、提高种子发芽率和消毒杀菌的作用。浸种5 ~ 7天，捞出来放热炕上或温室中催芽，温度不超过30℃，当露白（芽长在0.1 ~ 0.2厘米）时摊开晾芽，即可播种。

（3）选地做苗床

① 庭院、高台育苗方式　庭院、高台育苗具有床面温度高、湿度小、盐碱轻、土壤通透性好和作业方便等优点，有利

于培育壮秧。

② 隔离无纺布育苗　苗床浇足底水后，铺上隔离层（打孔地膜或编织袋），用黑土、农肥、壮苗剂配制好营养土，平铺在床面上，厚约2厘米，刮平后浇透水即可播种。

③ 提高整地质量，增施有机肥　坚持三旱整地、翻旋结合，进行合理的土壤耕作，提高整地质量。增施有机肥，每亩施2000千克粪肥或还田稻草200 ~ 300千克，以改善土壤结构，降低土壤容重，同时可提高水稻抗干旱和耐碱能力，保持土壤养分平衡。

（4）适时移栽，合理稀植

① 移栽时间　一般插秧安排在5月20日至5月底，杂交稻5月25日前插完。

② 栽培密度　采用“大垄双行、边行密植技术”。大垄双行的两垄分别间隔20厘米和40厘米，为弥补环沟占地减少的垄数和穴数，在距环沟1.2米内，40厘米中间加一行，20厘米垄边行插双穴。

③ 插秧苗数　一般每亩插约1.35万穴，常规品种每穴3 ~ 5株，杂交稻2 ~ 3株。适当增加田埂内侧和环沟旁的栽插密度，发挥边际优势，以提高水稻产量。

（5）适量施肥　待水稻返青分蘖时，可追施分蘖肥。投放仔蟹后原则上不再施肥，如发现有脱肥现象，可追施少量尿素，但每次施肥不得超过5千克/亩。

4. 仔蟹放养

经仔蟹培育池培育成的仔蟹，放入1龄蟹种池的时间须待水稻发棵分蘖后才能放养，插秧20天后才能放养仔蟹，以防损伤秧苗。选择体质健壮、爬行迅速、大小整齐、规格为4000 ~ 8000只/千克的辽河水系中华绒螯蟹（Ⅱ期幼蟹）为最佳。投放密度以1.5万 ~ 3万只/亩为宜，放养重量为3.5 ~ 4千克/亩。

5. 饲养管理

（1）水质管理　稻田在尽量不晒田的同时，应采取“春季浅，夏季满，定期换水”的水质管理办法。春季浅是指在秧苗移栽大田时，水位控制在15 ~ 20厘米；以后随着水温的升高和秧苗的生长，应逐步提高水位。夏季Ⅲ期仔蟹或Ⅱ期幼蟹进入大田后，正值水温高的夏季，为降低水温、防止昼夜温差过大，应将水位加至最高水位。一般每3 ~ 5天换水1次，夏季高温季节，更要增加换水次数。换水一般在上午进行，换水时温差不能大于3℃，目的是不影响河蟹傍晚摄食和活动。不任意改变水位或脱水晒田，以利仔蟹、幼蟹正常蜕壳生长。

（2）投饲管理　仔蟹、幼蟹下田后1个月为促长阶段，日投喂配合饲料按仔幼蟹体重的15% ~ 18%计，上午8：00投1/3左右，下午18：00投2/3左右。从8月初到9月中旬为蟹种生长控制阶段，一般每天下午18：00投饲1次。前20天日投配合饲料约占蟹种总重量的7%。以后改为日投配合饲料约占蟹种总重量的3%，青饲料占蟹种总重量的30%。9月中旬以后为蟹种生长的维持阶段，可加大植物性饲料的投喂量，每隔15天要维持投喂配合饲料7天左右，以促进蜕壳，日投饲量约占蟹种总重量的10%。

（3）水稻用药管理　河蟹对生活在稻田水体中的水稻害虫的幼体有一定杀灭作用，因此，蟹种培育稻田中的水稻病害相对来说要少一些，但是不能排除杀灭得不够彻底或其他稻田传播病害的可能性。如果必须使用农药时，应选用高效低毒的农药，并在严格控制用药量的同时，先将稻田的水灌满，用喷雾器将药物喷在稻禾叶片的上面，尽量减少药物淋落在水中。用药后，若发现河蟹有不良反应，应立即采取换水措施。在夏天随着水温的上升，农药的挥发性增大，其毒性也大。因此，在高温天气里尽量避免用药。

（4）蜕壳管理　幼蟹在养殖过程中一般蜕壳多次。蜕壳期是河蟹生长的敏感期，必须加强管理以提高成活率。一般幼蟹在蜕壳前摄食量减少，体色加深，此时可少量施入生石灰（按照每米水深10千克/亩左右），以促进河蟹集中蜕壳。同时，投喂动物性饵料和适当的流水刺激对蜕壳也有促进作用。河蟹在蜕壳后甲壳较软，需要安静、稳定的环境，一般栖息在水稻根须附近的泥中，有时甚至几天内都不出来活动，此时不能施肥、换水，饲料的投喂量也要减少。待河蟹的甲壳变硬，体能恢复后出来大量活动，沿田边觅食时，需要适当增加投饲量，强化营养，促进生长。

（5）日常管理　日常管理工作主要是巡田检查，每天早、晚各一次。查看的主要内容有防逃设施、田埂和进出水口处有无损坏等，如果发现破损，应立即修补。观察河蟹的活动、觅食、蜕壳等情况，若发现异常，应及时采取措施。注意稻田内是否有老鼠、青蛙和蛇类等河蟹的敌害生物出现，如发现应及时清除。如发现存留残饵，也应及时清除，以防其腐烂变质而影响水质。在河蟹的生长期内，每半个月施一次生石灰，一般每亩用生石灰5千克，这样不仅可以调节水质，保持水质良好，而且可以增加稻田中的钙质，以利于河蟹生长、蜕壳，另外还可以杀灭稻田中的敌害生物。施用生石灰后3 ~ 5天可以施用微生态制剂以改善水质，增加水中有益菌群数量，防止疾病发生。在风雨天，要特别注意及时排水，以防雨水漫埂逃蟹。

6. 蟹种的起捕出售

稻田培育的蟹种，一般在9月中、下旬稻谷收割前进行捕捞。具体捕捞方法如下。

（1）利用河蟹晚上上岸的习性，人工田边捕捉。

（2）利用河蟹逆水的习性，采用流水法捕捞，通过向稻田中加水，边加边排，在进水口倒装蟹笼，在出水口设置袖网捕捞，并在稻田内的进出水口附近下埋大盆或陶缸（图3–14），边沿在水底与田面持平。

（3）放水捕蟹，即将田水放干，使蟹种集中到环沟中，然后用抄网捕捞，再加水，再放水，如此反复2 ~ 3次，即可将绝大多数的蟹种捕捞出来。

（4）根据河蟹喜弱光、怕强光的生物学特性，在田边利用

图3-14　进出水口附近下埋陶缸

灯光诱捕。

（5）水稻收割后排干田水，通过翻稻或设置的隐蔽物（如草袋片等）抓捕，也可在防逃设施边设陷阱。

采用多种捕捞方法相结合，蟹种的起捕率可达95%以上。蟹种起捕以后按照市场收购规格进行分选，用网箱暂养，等待好的销售时机出售。放在网箱中暂养的蟹种密度不可过大，保证网箱放在水深超过1.5米的活水处，而且每天至少检查2次。

第四章 成蟹池塘养殖技术

第一节 技术要点

一、池塘条件

选择靠近水源、水量充沛、水质清新、无污染、进排水方便和交通便利的池塘，要求电力、排灌机械等基础设施配套齐全，每亩配置0.15 ~ 0.25千瓦动力的微孔增氧设施。池塘形状以东西向长、南北向短的长方形为宜。池塘面积以10 ~ 20亩为宜，方便管理，利于取得高产。池深1.5 ~ 1.8米，池埂坡比1∶（2.5 ~ 3.0）。池塘土质以壤土最好，池底淤泥厚度不宜超过10厘米。池埂四周应建防逃设施，防逃设施高50 ~ 60厘米。防逃设施可选用钙塑板、水泥瓦、玻璃钢、尼龙薄膜等材料，并以木桩、竹桩等作防逃设施的支撑物。池塘内四周可开挖“回”字形蟹沟，面积30亩以上的池塘还应加挖“井”字形蟹沟。蟹沟宽2.0 ~ 4.0米，沟深0.6 ~ 0.8米。开挖蟹沟条数由池塘面积决定，蟹沟总面积占池塘总面积的20% ~ 30%。也可以不开挖蟹沟，但池深应达到1.8米以上。

二、放养前的准备

1. 清塘消毒

每年成蟹捕捞结束后，排干池水，清除过多淤泥（图4–1），保持池底淤泥厚度10厘米左右，晒塘冻土。至蟹种放养前30天，加水10 ~ 20厘米，用生石灰100千克/亩或漂白粉15千克/亩消毒。

图4-1　清除过多淤泥

2. 安装增氧设备

微孔增氧设备（图4-2）安装时间一般安排在晒塘后进水前。池塘以安装条形微孔增氧管道为佳，每条微孔管道长度不宜超过35米。管道过长，管道的尾部气压不足，会影响增氧效果。管道安装距池底10厘米位置，用钢筋或木桩、竹桩等水平固定在池塘底部，管道设置高低相差不能超

图4-2　微孔增氧设备

过10厘米，相连的微孔增氧管道之间相隔5 ~ 6米，每亩池塘微孔增氧管道总长度控制在40 ~ 50米。也可用微孔曝气盘，在池中均匀设置，每亩安装3 ~ 4个盘，但微孔管总长度不变。

3. 施肥

进水后，放苗前7 ~ 10天每亩施经发酵的有机肥100 ~ 150千克或生物有机肥10 ~ 15千克，新池塘可适当多施，培育天然饵料。施肥宜选择在晴天进行，施肥前后48小时应开启增氧机，加强增氧，加快有机物分解，为浮游生物的生长提供营养。放苗时，水质要求“肥、活、嫩、爽”，氨氮、亚硝酸盐、硫化氢在规定范围内，透明度控制在30 ~ 35厘米。

4. 水草种植

常用水草种类有伊乐藻、轮叶黑藻、苦草、菹草等。水草建议在清塘消毒10天后栽种，一般在1月至2月初，进水20厘米左右。池塘中按“井”字形栽种，水草行间距2.0米，株间距0.5 ~ 0.6米，每条草带4 ~ 5行水草，宽2.5 ~ 3.5米，水草带之间留2 ~ 3米空白区，给河蟹活动留下空间，同时也可以保证水流畅通。伊乐藻栽种时间宜早，一般在1月初栽种，栽种在河蟹暂养区；轮叶黑藻、苦草等宜晚种，一般在3月底前后栽种，栽种在水草养护区，需用网片分隔，防止水草刚发芽就被河蟹破坏。具体水草栽种宜采取以下措施。

（1）品种多样化　根据各类水草的生物学特性，筛选河蟹喜食的优质水草，确立以伊乐藻为主，搭配种植黄丝草、轮叶黑藻、苦草等其他水草，其中伊乐藻占50%左右，其他水草占50%左右，在池塘中形成稳定的轮叶黑藻、苦草等高温生长的水草和伊乐藻、黄丝草、菹草等适合低温生长的水草搭配的多个水草群落，保证池塘在河蟹养殖生产期间中水草供应的多样性和适宜的覆盖率。

（2）水草栽种方法　采取“浅水促水草，肥水抑青苔”的措施，促使水草扎根萌芽。水草栽种后至4月底，保持

50 ~ 60厘米的浅水，有助于水温提高，阳光照射充分，利于水草发芽、生长。早期适度施肥，保持30 ~ 35厘米的透明度，既有利于控制青苔的滋生，又可保证水草生长的营养。

（3）围网护草　对轮叶黑藻、苦草等种植时间偏晚的水草品种进行围网护草（图4-3），避免被河蟹摄食影响生长，待5 ~ 7月水草扎根茁壮后再分批开放。围网面积占池塘总面积的2/3 ~ 3/4。

（4）水草消毒　为防止青苔、敌害生物等随水草带入池塘中，水草栽种前应进行消毒处理，一般使用7克/米^{3}的硫酸铜溶液浸泡10分钟。

5. 螺蛳投放

投放活螺蛳是河蟹高效养殖重要的技术措施之一。活螺蛳既可作为河蟹的活饲料，又有着净化池塘水质的作用。活螺蛳投放方式可采取二次投入法或多次投入法：二次投入法一般是清明节前每亩池塘投放活螺蛳150 ~ 250千克，7 ~ 8月根据螺蛳存塘量多少再投放100 ~ 150千克/亩；多次投入法为清明节前每亩池塘先投放100 ~ 200千克，然后在5 ~ 8月每月投放活螺蛳50千克/亩。如螺蛳来源方便，建议采用多次投入法。投放前螺蛳需要清洗干净，以防带入敌害生物。

图4-3　围网护草

三、苗种放养

1. 蟹种放养

（1）蟹种质量要求　优良的蟹种（图4-4）应具备以下要求：一是种质好、规格大而整齐，应选择经选育的长江水系中华绒螯蟹良种繁育的子代，如“长江1号”“长江2号”“江海21号”“申江1号”等良种河蟹繁育的子代，蟹种规格以100 ~ 160只/千克为好。二是活力好、无病害，体质健壮，爬行敏捷，附肢齐全，肢体有力，体态饱满，指节无损伤，蟹体干净有光泽，无寄生虫附着；打开蟹壳，肝胰脏呈鲜黄色，肝小叶条纹清晰，鳃丝干净透明。三是新鲜，最好是本地培育的蟹种，暂养时间短、当天捕捞、当天销售的蟹种最佳。

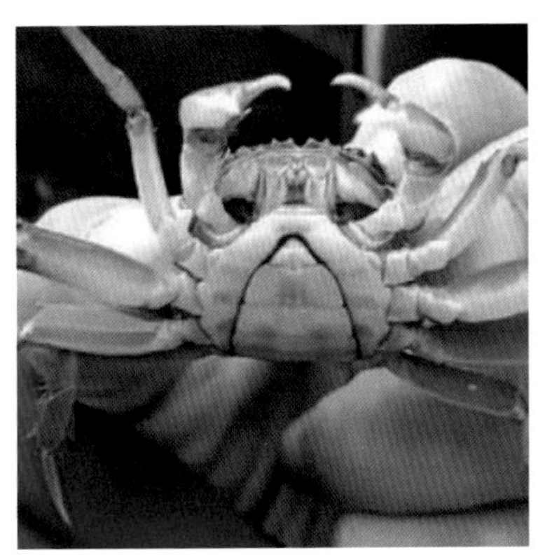

图4-4　优良的蟹种

（2）放养时间与数量　根据各地的气温，因地制宜，确定放苗时间，以气温3 ~ 6℃时放养效果最佳，气温超过8℃或低于1℃不宜放养。在长江中下游放养时间一般以2月中下旬为宜，放养密度以700 ~ 1200只/亩为宜。放养太早会由于水温与气温温差大，捕捞、运输易引起蟹种的应激反应，导致放养后成活率低；放养太迟，水温达到10℃以上，蟹种开始摄食、蜕壳，即将蜕壳和刚刚蜕壳的蟹种比例高，捕捞、运输容易受伤，导致运输、放养成活率低。

（3）放养前的蟹种处理　运输过程中蟹种会大量脱水，因此放养前必须先进行吸水处理，具体方法：将蟹种先放入池塘中吸水1 ~ 2分钟，取出放置5分钟，反复2 ~ 3次，让蟹种充分吸足水分。再用10 ~ 20毫克/升高锰酸钾溶液或3% ~ 5%食盐水浸洗消毒10 ~ 20分钟；放养前2小时或放养时，使用葡萄糖、维生素C等全池泼洒，以降低蟹种放养后的应激反应。放养一般采用一次放足或二级放养方法：一次放足是指对面积较小的蟹池，蟹种一次性备齐放入池塘中；二级放养是指对面积较大的池塘，可在池塘内先用网布制作小面积围栏作为暂养区（暂养区面积占池塘总面积的1/4 ~ 1/3），将蟹种先放入暂养区，进行强化培育，其余部分作为水草种养区，待蟹种蜕壳1 ~ 2次后将围栏设施拆除，让蟹种进入全池养殖。

2. 其他苗种放养

2月中下旬，每亩放养150 ~ 250克/尾大规格鲢鳙鱼种25尾（鲢20尾、鳙5尾）。另外，可根据各地资源条件和市场情况，适当搭配青虾、鳜鱼、沙塘鳢、翘嘴红鲌、黄颡鱼等品种，充分利用水体，提高养殖经济效益。

四、饲料投喂

1. 饲料种类

河蟹饲料种类分植物性饲料、动物性饵料和配合饲料。配合饲料应按照河蟹不同生长阶段对营养的需要，选择不同蛋白质含量的专用颗粒饲料。生产实践中建议以投喂优质颗粒饲料为主，适当投喂动物性饵料和植物性饲料，这样不仅河蟹生长速度快、规格大、成活率高、风味佳，而且饲料利用率高，池塘水质易控制，养殖成本低，经济效益高。

2. 投喂原则

投喂的饲料品种遵循“两头精，中间粗”的原则。前期为3月至6月中旬，是恢复体力阶段，此阶段河蟹一般蜕壳3次。蟹种经过一个冬天的“冬眠”，身体虚弱，需投喂优质颗粒饲料（蛋白质含量为40% ~ 42%），加动物性饵料，帮助其恢复体力。这一阶段生产管理的重点是管好第一次蜕壳，利用适宜的水温和良好的水质，促进河蟹快速生长。中期为6月下旬至8月中旬，此阶段河蟹一般蜕壳1次。此阶段水温偏高，水质易变坏，这一阶段生产管理的重点是维持水质稳定，控制病害发生，确保安全度夏，保证养殖成活率，需投喂颗粒饲料（蛋白质含量为30%），加玉米、豆粕、南瓜等植物性饲料。后期为8月下旬以后，此阶段河蟹一般蜕壳1次，投喂颗粒饲料（蛋白质含量为38% ~ 40%），加动物性饵料，这一阶段生产管理的重点是催肥促膘，增加体重，提高鲜美度。

3. 投喂量

投喂时应遵循“早开食、晚停食”的原则，只要水温达到8℃以上、天气晴好就应坚持投喂。投喂量应根据天气、河蟹活动情况和水质状况而定，水温15 ~ 28℃，每天投喂量：颗粒饲料为河蟹体重的1.0% ~ 5.0%或动物性饵料为河蟹体重的2.0% ~ 8.0%。8 ~ 15℃或29 ~ 32℃少量投喂。具体投喂量遵循的原则是：“天晴适当多投、水草上浮增加多投、河蟹活动频繁多投；阴雨天少投、发现残饵少投、蜕壳期间少投、水质不好少投”。另外，虽然蜕壳期应减少饲料投喂量，但应增加动物性饵料投喂量，以避免硬壳蟹残食软壳蟹。

4. 投喂次数

正常天气情况下，每天投喂1 ~ 2次，一般安排在07:00 ~ 08:00和16:00 ~ 17:00各投1次，也可下午16:00 ~ 17:00投喂1次，投喂量以3 ~ 4小时吃完为宜。投喂方法为全池泼洒，浅水处适当多投，无草处多投，深水区少投，水草上少投。根据天气、河蟹摄食、水质等情况确定投喂次数，天气晴好，水温在8 ~ 15℃时，2 ~ 3天投喂1次，16 ~ 19℃每天投喂1次，20 ~ 28℃每天投喂1 ~ 2次，29 ~ 34℃可少量投喂。水温高于34℃会超过河蟹适宜的生存温度，应停止投喂；低于8℃河蟹基本不吃食，不必投喂。

五、管理工作

1. 水温调控

河蟹开始摄食的水温在8℃左右，开始蜕壳的水温在12℃左右，15 ~ 30℃为生长温度，水温为25 ~ 28℃生长最快，超过32℃河蟹摄食量减少，生长受到抑制，34℃以上河蟹生命将会受到威胁。因此，在养殖过程中，应做好水温管理，使池塘的水温向河蟹适宜生长水温区间调节。常用的方法是按照“前浅、中深、后稳”的原则及时加高或降低水位，合理调节水温，满足河蟹生长需求，促进河蟹及其他混养、套养品种生长发育。2 ~ 6月气温逐步回升，蟹池水深控制在0.4 ~ 0.8米，适当的浅水有利于水温的迅速提高，促进河蟹早开食、早蜕壳，提高河蟹摄食量，促进河蟹快速生长；7 ~ 8月气温偏高，不利于河蟹摄食、生长，这一阶段应加深池塘的水位，维持水位1.2 ~ 1.5米以降低水温，维持池水中下层水温在30℃以内，利于河蟹正常摄食，促进蜕壳及安全“度夏”；9 ~ 11月水位稳定在0.8 ~ 1.2米，利于水温稳定，为河蟹增重、育肥提供稳定的环境。养殖期间如遇暴雨，应及时排水，控制水位，防止水质、水温突变，引起河蟹及其他混养、套养品种的应激反应，造成抵抗能力下降。

2. 水质管理

（1）养殖初期（2月底至5月上旬） 早春水温低而且变化大，此时应适当施肥，每15天左右施用生物肥料1.5 ~ 2.5千克/亩，水体透明度控制在30 ~ 35厘米，主要目的是培养藻类以提高水温并控制青苔的发生。每15天左右加水1次，每次5 ~ 10厘米。换水时间安排在晴天的12：00 ~ 14：00，有利于提高池塘水温，换水后，使用二氧化氯或碘制剂消毒1次。消毒后3 ~ 5天使用生物有机肥1次，用量为1.5 ~ 2.5千克/亩，施肥当天再使用芽孢杆菌等微生态制剂1次，具体用量参照说明书执行。

（2）养殖前期（5月下旬至6月下旬） 此阶段水温已经上升至20℃以上，达到河蟹最适的生长温度。河蟹摄食量加大，池塘中残饵和排泄物增加，藻类繁殖的速度加快。此阶段池塘水体的透明度应控制在35 ~ 40厘米，建议每7 ~ 10天使用微生态制剂和底质改良剂调节水质、改良底质一次，以降低水体氨氮、亚硝酸盐、硫化物等有毒、有害物质浓度。一般先用底质改良剂，2 ~ 3天后再用微生态制剂。每周换水1次，每次

10 ~ 15厘米，每10天交替使用生石灰和漂白粉消毒一次。

（3）养殖中期（7月初至8月下旬） 此阶段水温高、蒸发量大、水质变化快，应勤换水，每3 ~ 5天换水1次，常用少量多次、边排边注的方法，每次换水10 ~ 15厘米。换水时间宜在早晨3：00 ~ 6：00，以达到降低水温、改善水质的目的。每5 ~ 7天使用微生态制剂和底质改良剂1次，主要使用EM菌、光合细菌、乳酸菌等微生态制剂，调节水质、改善底质，降低水体氨氮、亚硝酸盐、硫化物等有毒有害物质的浓度。

（4）养殖后期（9月初至11月底） 每7 ~ 10天换水1次，每次10厘米左右，保持水温、水位的稳定，为河蟹增重育肥提供稳定的环境。每个月消毒1次。

3. 科学增氧

保持水体高溶解氧是河蟹养殖关键技术之一。日常管理中应密切注意天气变化，及时开启增氧机，保证池塘溶解氧充足。一般天气条件下开机增氧时间为：夜间22：00开机（7 ~ 9月高温期间晚上开机时间提前1小时即21：00），至翌日太阳出来后1小时停机，下午13：00 ~ 16：00开机1 ~ 2小时。连绵阴雨天提前开机并适当延长开机时间。施肥、用药、使用微生态制剂等都应选择在晴天进行，并提前2小时开启增氧机，以保证水体溶解氧充足。

4. 水草管理

（1）水草割茬 伊乐藻是池塘的主要水草之一，但伊乐藻不耐高温，为保证其安全度夏，在高温来临前（5月中旬前后）要逐步加深水位，并对伊乐藻进行割茬（图4–5），保留水草底部10 ~ 20厘米，这样既可以避免高温季节由于表层水温过高造成水草顶端枯萎而死亡，也可以促进水草萌发新芽。每个池塘水草割茬分3 ~ 4次完成，每次割1/4 ~ 1/3面积的水草，防止环境变化过快对河蟹生长产生不利影响。水草割茬应选择晴天上午进行，割草当天夜间需要加强增氧。

图4-5　水草割茬

（2）控制水草覆盖率　水草覆盖率控制在50%～60%为宜，水草带之间需留2～3米的无草区，这样水草不仅能发挥提供栖息环境和净化水质的作用，而且也避免了水草过多造成池塘溶解氧、pH值等昼夜变化幅度过大和水体流动性差的问题。因此，在生产管理中多采取抽条的方式控制水草覆盖率，特别是在中后期，水草疯长，抽条必须及时。如果水草覆盖率偏低，要及时补充水草，可适量移栽水花生，也可以围网圈养浮萍。

5. 日常管理

坚持每天早、晚各巡塘1次，认真查看河蟹蜕壳、生长、摄食、病害、敌害、水质、水草生长等情况，发现问题及时采取针对性措施。特别是在台风、低气压、暴雨等异常天气情况时，要仔细检查防逃设施、进排水设施、增氧机是否完好，如有损坏，及时修补。做好水质调控，减缓应激反应。

六、病害防治

遵循“预防为主、防治结合”的原则，坚持生态调节与科学用药相结合的方法预防和控制病害的发生。重点关注以下几个阶段：4月底至5月初，采用硫酸锌、纤虫净等药物杀纤毛虫1次，1 ~ 2天后再用生石灰对水体进行杀菌消毒1次；6 ~ 7月，每半个月交替使用生石灰和漂白粉消毒；8月中旬使用聚维酮碘或络合碘等碘制剂对水体进行消毒；9月中旬，采用硫酸锌、纤虫净等药物杀纤毛虫1次。高温期间加强药饵投喂，每个月坚持投喂添加适量“三黄粉”或“大蒜素”等中草药的药饵，连续投喂7 ~ 10天，增强河蟹体质，提高机体免疫力，预防肠炎等疾病发生。

七、捕捞收获

捕捞时间建议在10月至11月底，各地可根据河蟹成熟度、当地消费习惯和市场行情等情况略有调整。捕捞工具主要为地笼，如上市量不大也可晚上徒手捕捉。地笼放置时间（笼尾扎紧时间）应根据天气和捕捞量适当调整，建议6 ~ 8小时将地笼中河蟹取出（图4-6）。捕捞旺季应注意地笼里河蟹数量，如数量过多，应及时将河蟹倒出，以免数量过多造成局部缺氧死亡。如一个地笼每天捕捞量少于1千克时，说明池塘中河蟹数量不多，可考虑干塘捕捉。

八、商品蟹暂养

捕捞后的河蟹应放入设置在水质清新的大池塘中的网箱内，须经2天以上的网箱暂养，经吐泥、滤脏后方可上市销售。暂养区可用潜水泵抽水循环，或使用水车式增氧机，以加速水的流动，增加溶解氧。暂养后的成蟹，分规格、分雌雄、分袋包装。

图4-6 地笼捕捞河蟹

第二节 江苏省典型模式

一、兴化：仿原生态养蟹模式

该模式采用仿原生态养殖措施，提水养殖、稀放大养、种草投螺、可控生态和全程质量优化，形成具有兴化特色的生态河蟹养殖模式体系。

1. 池塘准备

（1）池塘要求 池塘要求靠近水源，水量充沛、水质清新、无污染，进排水方便，交通便利。池塘形状为长方形，长宽比为3：2左右，主埂顶宽度不小于3.5米，支埂顶宽度不小于2米，平均池塘深度不低于2米，有效蓄水深度不低于1.5米，池底淤泥厚度不超过20厘米，单个养殖池塘面积30 ~ 50亩，坡比1：（2.5 ~ 3），有不低于1/5的深水区。用60目网片封好进排水口，保持进排水口畅通。

（2）基础设施　使用聚乙烯网片护坡，也可采用石砌、垒石、水泥板等永久性护坡；进排水系统使用PVC管分开，池埂四周用60厘米高的钙塑板或防逃膜作防逃设施，并以竹桩作防逃设施的支撑物，配有主干道路、水泵、投饲机等，安装微管增氧设施。

（3）清整消毒　秋冬季排干池水，清除过多淤泥，晒塘冻土，新开挖提水养殖池塘漫水浸泡2次，除去残留农药。放养前两周用生石灰清塘消毒，每亩用生石灰100千克溶浆后，均匀泼洒在池底和四周坡岸表层。清塘后进水用60目规格的尼龙绢网袋过滤，防止野杂鱼类及其鱼卵进入池塘。

（4）水草种植　待清塘药物的药性消失后，在池塘四周的浅水区栽一行宽1米的水草带，水草带离池埂3米，池塘中间用网片围出15%左右的水面作为水草种植区。水草以伊乐藻为主，并搭配少量苦草或黄丝草，水草长成后全池覆盖率达60%左右。

（5）投螺施肥　清明前，每亩投放经消毒的活螺蛳（图4-7）200千克左右，全池均匀抛放，7～8月根据螺蛳存塘量再补投一次螺蛳，投放量每亩150千克左右。施用生物肥料或

图4-7　活螺蛳

有机肥料培肥水质。

2. 苗种放养

（1）蟹种选择　选用自育或本地培育的长江水系中华绒螯蟹幼蟹作蟹种，要求体色正常、规格整齐、体质健壮、爬行敏捷、附肢齐全、指节无损伤、鳃丝白色、无寄生虫附着。

（2）蟹种消毒　放养时，用3% ~ 4%食盐水浸洗3 ~ 5分钟，或用15 ~ 20毫克/升的高锰酸钾浸泡20 ~ 30分钟。

（3）蟹种暂养　在池塘一角用10目聚乙烯网布围成一块较小面积的区域（占池塘面积的10% ~ 20%），作为蟹种暂养区，其余部分用于种植水草，待水草生长情况较好后，将暂养区的网栏撤除。

（4）放养密度　实施“小群体、大个体”生产方式，提高大规格优质河蟹的出产比重，放养规格120 ~ 160只/千克的蟹种350 ~ 500只/亩，3月底放养，采用一次放足或二级放养的方法。

3. 养殖模式

（1）套养鲢、鳙　每亩池塘放养1龄鲢、鳙鱼种30 ~ 60尾，鱼种规格为10 ~ 20尾/千克。

（2）套养鳜　河蟹养殖池中套养鳜，不仅可以将野杂鱼变废为宝，而且可以充分利用水体空间。6月中旬放养5 ~ 7厘米的鳜鱼种20 ~ 50尾/亩。鳜放养前一次投足饵料鱼，数量是鳜鱼苗的4 ~ 5倍。待饵料鱼剩余20%左右，再正常投喂。

（3）套养青虾　在5月中下旬投放抱卵青虾，抱卵青虾选择卵粒呈黄绿色、无伤残、平均规格4 ~ 6厘米的优质虾，放养量3千克/亩左右。亲虾放养2 ~ 3天后，亩施生物有机肥1 ~ 3千克培肥水质。仔虾孵出3 ~ 5天后，每天用1千克/亩黄豆浸泡磨浆去渣，沿池边均匀泼洒，促使仔虾快速变成幼虾。

4. 养殖管理

（1）饲料投喂（图4-8）　遵循“四定”“四看”的投饲原则，投喂优质颗粒饲料。正常生长阶段每天投喂2次，上午、下午各1次，上午占30%，下午占70%。投喂方法为沿池边投喂，上午投喂在深水处，下午投喂在浅水处。3 ~ 4月为恢复体质阶段，投喂颗粒饲料和小杂鱼；养殖前期（5 ~ 7月），以颗粒饲料为主；养殖中期（8 ~ 9月），投喂颗粒饲料和植物性饲料；养殖后期（10 ~ 11月），投喂颗粒饲料和小杂鱼，增加鲜活饲料，催肥促膘，提高河蟹鲜美度；在河蟹蜕壳阶段，在饲料中添加维生素C、免疫多糖、蜕壳素等，使河蟹增强体质。高温期间以植物性饲料为主，阴雨天根据具体情况少投或不投。

图4-8 饲料投喂

（2）水质调控 整个养殖期间，始终保持水质清新、溶解氧丰富，坚持“前浅、中深、后勤”的原则，前期保持浅水位，以提高水温，促进蜕壳；中期特别是炎热的夏秋季保持深水位。5月上旬前保持水位0.6 ~ 0.8米，7月上旬前保持水位0.8 ~ 1米，7月上旬后至8月底保持水位1.2 ~ 1.5米，9月份后保持水位1.0 ~ 1.2米。6 ~ 9月每5 ~ 10天换水1次；春季、秋季每隔2周换水1次，每次换水20 ~ 30厘米，换水时采用先排后灌的方法。每半个月交替使用一次微生态制剂或生石灰调节水质。

（3）日常管理　每天早、中、晚各巡塘一次，并作生产记录。早晨巡塘时观察池坡上的残饵，同时检查防逃设施，中午巡塘观察池坡河蟹的多少，并测定下午14：00的水温，傍晚和夜间着重观察全池河蟹的活动、摄食与上岸情况，发现问题应及时采取措施。蜕壳是生长的关键，养殖过程中一定要注意河蟹是否完全蜕壳。

5. 病害防控

遵循“预防为主、防治结合”的原则，坚持生态调节与科学用药相结合，是早期防治蟹病的重要措施，也是夺取全年高产高效的主要手段。

（1）预防措施　做好消毒工作，包括池塘的清塘消毒、蟹体的消毒、饲料及食场的消毒等。在河蟹的捕捞、运输过程中，尽量小心操作，避免蟹体损伤。合理搭配品种比例及放种的规格，避免相互残杀。选用优质饲料，避免饲料变质、发霉，保证河蟹在每个生长阶段都有适口的新鲜饲料。根据河蟹病害流行规律，在河蟹病害流行季节提前做好预防工作。在养殖期间，定期用底质改良剂和微生态制剂改善底质和调节水质；少量多次使用生石灰，适时开动增氧机。全年用微生态制剂溶水喷洒颗粒饲料投喂。

（2）防治措施　4～5月，用纤虫净、甲壳净、纤虫必克或硫酸锌复配药等杀纤毛虫一次（在蜕壳前7天使用），相隔1～2天后，用溴氯海因或碘制剂进行水体消毒，并用1%中草药制成颗粒药饵，连续投喂5～7天；在梅雨期结束后，高温来临之前，进行一次水体消毒和内服药饵，连服3天；9月中旬，杀一次纤毛虫，并进行水体消毒和内服药饵。

二、兴化：河蟹、鳜、小龙虾混养模式

该模式根据水产生物学、生态学原理，采取模拟自然生态环境，进行河蟹、小龙虾、鳜混养，实现生态高效的养殖目标。

1. 放养前的准备工作

（1）清塘消毒　春节前后，在清干池塘、曝晒的基础上，进行池埂修复，清除淤泥，用生石灰100千克/亩消毒，杀灭池塘中的细菌及各种敌害生物。

（2）培肥水质　用腐熟的有机肥加少量生石灰，堆在池中慢慢释放，有机肥用量为150千克/亩。

（3）移植水草　3月上旬用伊乐藻12.5千克/亩，切成10 ~ 15厘米的小段，约10小段为一束，以束间距1.5米、行间距2米栽种于四周浅水处，伊乐藻种植面积约占池塘面积的5%。3月下旬分别按照1.5千克/亩的用种量种植苦草与轮叶黑藻。苦草种子浸泡揉搓河泥后，以水草种植区6米、空白区6米间隔条播于田面。水草种植区四周围上聚乙烯网片，以避免苦草和轮叶黑藻刚发芽就被河蟹吃掉。待水草种植区内的水草生长情况较好后撤除围网。苦草和轮叶黑藻种植面积约占池塘面积的45%。

（4）投放螺蛳　投放鲜活螺蛳250千克/亩，分批投放效果较好，一般3月投放150千克/亩，6月底投放100千克/亩。不建议3月一次性投放。

2. 苗种放养

选择大规格正宗长江水系蟹种，3月下旬将蟹种放入环沟中暂养，规格120 ~ 140只/千克蟹种放养量为600只/亩；5月下旬放养规格6 ~ 8厘米的鳜鱼种10尾/亩左右；4月下旬放养规格200 ~ 400只/千克的小龙虾幼虾2500 ~ 3000尾/亩；规格11尾/千克的鲢鱼种10尾/亩左右。

3. 饲料投喂

（1）饲料种类　蟹种下塘后投喂淡水小杂鱼，方法是将小杂鱼打成浆，每两天投喂一次，日投喂量占蟹重的7% ~ 8%，连续投喂1个月。期间逐渐增加投喂颗粒饲料，日投喂量占蟹重的3% ~ 5%，饲料蛋白质含量按照前期低、后期高的要求，4 ~ 5月蛋白质含量为38%，6 ~ 7月蛋白质含量为36.5%，8 ~ 10月蛋白质含量为40.5%。8月下旬开始增加投喂海水杂鱼，一直投喂到河蟹捕捞上市。每个池塘中设20余个饲料台，便于检查虾蟹吃食情况，具体投喂量根据天气、残饵等情况灵活掌握。

（2）投喂原则　饲料的投喂遵循“两头精、中间粗”的原则，荤饲料、精饲料、青饲料进行合理搭配。

（3）投喂方法　遵循“四定、四看”的投饲原则，池边定点投喂与全池抛撒相结合。

4. 水质调控

（1）水质要求　透明度保持在30 ~ 50厘米，溶解氧含量在5毫克/升以上，pH值7 ~ 8，氨氮不超过0.2毫克/升，亚硝酸盐0.02毫克/升以下。水位 坚持“前浅、中深、后勤”的原则，4月份水温偏低，保持低水位，促进水草的生长和水温的提高，有利于河蟹蜕壳；中期特别是炎热的夏季保持深水位，后期勤加水换水，保持水质清新，溶解氧充足。

（2）调控方法　4月使用含有大量光合细菌、芽孢杆菌、乳酸菌等有益微生物的肥水产品以培肥水质。池塘铺设纳米微孔增氧管道，养殖中后期晴天中午微孔增氧开动2 ~ 3小时，阴雨天气则夜晚开机增氧。6月开始，每隔15天泼洒一次微生态制剂和底质改良剂。及时捞出夹断的苦草，及时割除伊乐藻上端易腐烂部分。伊乐藻消亡前后，移植水花生入池。

5. 捕杀敌害

河蟹的主要敌害有水蛇、水老鼠、蛙类及蝌蚪、水鸟等，一般采取驱赶、诱捉、猎捕等方式减少危害。

6. 病害防治

（1）苗种消毒　蟹种放养前用3% ~ 4%的食盐水浸浴5 ~ 10分钟，鳜、鲢、小龙虾苗种用3% ~ 4%的食盐水溶液浸浴5分钟后下塘。

（2）水体消毒　养殖期间，每隔15天交替使用15克/米^{3}生石灰和1克/米^{3}漂白粉进行水体消毒。

7. 水产品捕捞

小龙虾从5月开始陆续捕捞上市，捕捞期3个月；河蟹中秋节前开始捕捞，一般用地笼张捕。捕获的河蟹用清水洗净后在蟹箱、蟹篓或专辟的小池中暂养（图4-9），然后分规格、分雌雄打包运输和销售，年底生产结束。鳜、鲢在年底清塘时排水、拉网捕捞，然后暂养在专门池塘或网箱中，适时销售。

图4-9 河蟹暂养

三、兴化：河蟹、细鳞斜颌鲴套养模式

细鳞斜颌鲴含肉量高、肉质鲜美细嫩，饲养容易、简便，主要摄食天然饵料，是一种具有较高经济价值的优良鱼类品种。细鳞斜颌鲴与河蟹混养，河蟹排泄物为细鳞斜颌鲴提供食物，细鳞斜颌鲴为河蟹“清洁家园”，共生互利，亩均增效300元以上。

1. 池塘条件

池塘面积50亩左右，池深1.5 ~ 2米，水源充足，水质清新，无污染、进排水分开。水体透明度35 ~ 40厘米，pH值7.5 ~ 8.5。池底土质为壤土或黏土，淤泥层厚度不超过15厘米。一般采用塑料薄膜围栏作为防逃设施。池塘内栽植苦草、伊乐藻、黄丝草等水生植物，覆盖率不少于1/3。

2. 苗种放养

（1）蟹种放养　蟹种要求无病无伤，规格整齐，附肢健全，有光泽，活动力强，规格大。放养前一个月，用生石灰70 ~ 100千克/亩，化浆后全池泼洒。蟹种放养时间为3月上中旬，规格为100 ~ 160只/千克，放养量500 ~ 600只/亩。

（2）其他品种放养　3月中旬放养细鳞斜颌鲴（图4–10）鱼种200尾/亩，5月中下旬放养鳜寸片10尾/亩，5月中下旬放养抱卵青虾1千克/亩，3月中旬放养鲢、鳙鱼种10尾/亩。

图4–10　细鳞斜颌鲴

3. 投喂管理

（1）河蟹投喂　清明前后投放活螺蛳300千克/亩左右，为河蟹生长源源不断地提供动物性饵料。水草种植面积达60%，为河蟹生长提供充足的植物性饲料。人工饲料投喂遵循“荤素搭配，两头精中间粗”以及“定时、定位、定质、定量”的“四定”原则。

① 养殖前期（3 ~ 6月）以投喂颗粒饲料和鲜鱼块、螺蚬为主。

② 养殖中期（7 ~ 8月）高温天气，减少动物性饵料投喂量，增加水草、大小麦、玉米等植物性饲料的投喂量。

③ 养殖后期（8月下旬至11月）以动物性饵料和颗粒饲

料为主，适当搭配少量植物性饲料。

④ 投喂次数　每日投喂1 ~ 2次。养殖前期每日1次；饲养中、后期每日2次，上午投30%，晚上投70%。

⑤ 投喂方法　精饲料与鲜活饲料隔日或隔餐交替投喂，均匀投在浅水区，坚持每日检查摄食情况，以全部吃完为宜，不过量投喂。

（2）其他品种投喂　细鳞斜颌鲴主要食物为青苔、破碎料、水草碎屑等，鳜以池塘内的青虾及野杂鱼为食，鲢、鳙以水中的水生植物、浮游动物为食，因此都无需专门投喂饲料。

4. 水质管理

河蟹养殖早期，通过施肥使水质达到“肥、活、嫩、爽”的状态。水位调控前浅、中深、后稳。

（1）水体透明度控制在35 ~ 50厘米，要求前期水质偏肥，后期水质偏瘦。

（2）在3 ~ 5月水深掌握在0.4 ~ 0.5米，6 ~ 8月控制在1.0 ~ 1.2米，9 ~ 11月稳定在0.8 ~ 1.0米。

（3）经常使用生石灰调节水质，一般每米水深每次用生石灰5 ~ 10千克/亩，化浆后全池均匀泼洒，在高温季节注意减量或停用。

（4）定期使用复合微生态制剂（EM菌、芽孢杆菌、光合细菌等）改善池塘水质，分解水中的有机物，降低氨氮、亚硝酸盐、硫化氢等有毒物质的含量，保持良好的水质。

5. 病害防治

病害方面以预防为主，注重防治结合。采取清塘消毒、种植水草、自育蟹种、科学投喂、调节水质、调控水位等措施防控水产养殖品种的病害。

（1）每天早、中、晚巡塘，并作生产记录，早晨巡塘时观察池坡上的残饵，同时检查防逃设施，发现问题应及时采取措施。

（2）中午巡塘主要观察池坡河蟹的多少，傍晚或夜间着重观察全池河蟹的活动、摄食与上岸情况。

（3）提倡应用健康养殖技术，以生态防病为主，药物治疗为辅。经常换水，使用生石灰改善水质，科学投饲，使用高质量的饲料，如果发生病害使用高效、低毒、副作用小的渔药。

6. 捕捞与收获

河蟹捕捞主要采用地笼张捕和上岸徒手捕捉的方法，青虾捕捞主要是使用虾笼诱捕，鳜和细鳞斜颌鲴采用拉网结合干塘的方法进行捕捞。

四、吴中：池塘循环水生态养蟹模式

通过池塘原位生态修复技术、水质生态调控技术、种草保草技术、鱼虾蟹立体混套养技术、多品种水草混栽养蟹技术、微孔管道增氧养蟹技术、进水渠道—养殖池塘—尾水处理“三级”水净化技术等多项技术集成，形成了一套池塘规模化循环水生态养蟹技术，实现成蟹养殖亩均产量110千克，大规格蟹比例（雌蟹3两/只，雄蟹4两/只）70%，亩均效益4500元，且养殖用水达到一级排放标准。

1. 水源和水质

要求水源充足，水质清新、无污染，水体透明度35厘米以上。

2. 进水渠道

进水渠道采用格宾石笼结构，种植一定量的水草，通过明渠与蟹池相连，配合水泵进行动力加水。有条件的可以建立一个前置进水沉淀池，池深2米，对水源进行初级处理，同时配备一个泵房。

3. 池塘条件

（1）蟹池改造　蟹池为东西向长方形，面积30亩左右。池深2.0米，池埂宽度2.5 ~ 3.0米，坡度1∶（2 ~ 3）。池底挖0.4米深的“回”字形沟，“回”字形沟面积占池底面积的30%。同时，在池中设立一块蟹种暂养区，暂养区面积占池底面积的30%左右。循环水生态养殖与修复一般要求池塘连片规模达到200亩以上。

（2）原位修复

① 清淤曝晒　采取机械清淤的方法，对池底的淤泥进行清理，保留20厘米左右淤泥层。同时采取多次“进排水”法，即池塘经充分曝晒（图4-11）1个月左右后，进水20厘米，3天后排出，经曝晒后再次进水，如此反复几次。这样一方面可增加池底的氧化还原电位，另一方面带走部分氮、磷等富营养因子，减少后期生态修复的压力。

② 清塘　用生石灰100 ~ 150千克/亩，化水后全池泼洒，杀灭有害生物，有效补充水体的钙含量。

③ 种草　蟹池内的水草以伊乐藻为主，东西为行，南北为间，行间距1米左右，适量搭配苦草、轮叶黑藻等水草，伊乐藻、苦草、轮叶黑藻分别占比70%、15%、15%，水草种植面积占池塘面积的70%左右。轮叶黑藻、伊乐藻以无性繁殖为主，一般采取切茎分段扦插的方法；苦草是典型的沉水植物，其种子细小，插种前先用水浸泡10 ~ 15小时，搓出草籽，与泥土拌匀，泼洒即可。轮叶黑藻、苦草

图4-11　池塘曝晒

的种植时间在3月；伊乐藻的种植时间在清塘后或早春。水草种植前，每亩施用2 ～ 3千克复合肥作为基肥，让其快速生长。

④ 投螺　成蟹养殖采取二次投螺的方式。第一次在清明前后，每亩投放活螺蛳300千克左右；第二次在7 ～ 8月，每亩投放200千克左右。

（3）水深控制　池塘需要一定的水深和蓄水量，池水较深，容水量较大，水温不易改变，水质比较稳定，不易受干旱的影响，对河蟹生长有利。但池水过深，对河蟹和水草的生长是不适宜的。一般常年水位控制在0.5 ～ 1.5米。

（4）微孔管道增氧　微孔管增氧机功率配套0.18 ～ 0.20千瓦/亩，微孔管采用纳米管材料。总供气管道采用硬质塑料管，直径为60毫米；支供气管为微孔橡胶管，直径为12毫米。总供气管架设在池塘中间上部，高于池水最高水位10 ～ 15厘米，并贯穿整个池塘，呈南北向。在总供气管两侧间隔8米，水平铺设一条微孔管，微孔管一端接在总供气管上，另一端延伸到离池埂1米远处，并用竹桩将微孔管固定在高于池底10 ～ 15厘米处，呈水平状分布。

（5）防逃设施　防逃材料一般用铝皮、加厚薄膜、钙塑板等，埋入土中20 ～ 30厘米，高出埂面50厘米，每隔50厘米用木桩或竹竿支撑。池塘的四角应呈圆角，防逃设施内留出1 ～ 2米的堤埂，池塘外围用聚乙烯网片包围，网片高1米以上，以利防逃和便于检查。

4. 排水渠道

建立独立的排水渠道，实现进、排水渠道分离。排水渠道与尾水处理区相连。生产过程中通过开闭暗管实现排水。

排水渠道种植水花生、轮叶黑藻等水草，有条件的可以建立生态浮床，栽种狐尾藻、水花生和大叶蕹菜等水生植物，进一步吸收净化养殖尾水中的氮、磷等。

5. 尾水处理区建设

尾水处理区建设是实现循环养殖和达标排放的关键。一般将8%左右的养殖面积改造成尾水处理区，能够完全满足尾水循环利用的技术需求。

尾水处理区（图4-12）主要种植伊乐藻、轮叶黑藻、苦草，适当搭配一些美人蕉、睡莲等观赏性植物，水草覆盖率要求达到70%以上，同时，每亩投放500 ~ 1000千克螺蛳、6 ~ 8尾/千克的鲢、鳙200尾。

图4-12　尾水处理区

6. 生态养殖模式的建立

（1）采用生态高效养殖模式　立足生态链互补原理，采用蟹虾鱼立体化、低密度生态高效养殖模式，合理利用养殖水体和水体中的饵料生物资源，既保证有较好的产出，又能减轻池塘的生态修复负荷。

（2）培肥水质　放养前10 ~ 15天，施经过发酵的有机肥150 ~ 200千克/亩，用以培肥水质，提供天然饵料。

（3）苗种放养　选择在3月初放养规格100 ~ 120只/千克的蟹种800 ~ 1000只/亩。蟹种要求规格整齐、体质健壮、行动敏捷、附肢齐全、无病无伤。蟹种放养前用3% ~ 4%的食盐水浸洗3 ~ 5分钟。先将蟹种放入暂养区，5 ~ 6月待水草长成后，再转入蟹池进行养殖。在秋季放养规格1 ~ 2厘米/尾的青虾4万尾/亩，另外放养鲢、鳙50尾/亩以调节水质。

7. 养殖管理

（1）投饲管理　遵循“荤素搭配，两头精中间粗”的原则，即在饲养前期（3 ~ 6月），以投喂配合饲料和鲜鱼块、螺蚬为主；在饲养中期（7 ~ 8月），减少动物性饵料投喂量，增加水草、玉米等植物性饲料的投喂量（图4–13）；在饲养后期（8月下旬至11月），以动物性饵料和配合饲料为主，满足河蟹后期生长和育肥所需，适当搭配少量植物性饲料。要合理控制投饲量，饲养前期每日1次，饲养中后期每日2次，上午投喂30%，晚上投喂70%；精饲料与鲜活饲料隔日或隔餐交替投喂，均匀投在浅水区。坚持每日检查河蟹摄食情况，以3小时吃完为宜，不过量投喂。

图4–13　投喂植物性饲料

（2）水质调控　由于整个养殖系统采取的循环水生态养殖技术，生态环境的自我修复能力较强，一般不需要换水，只要适当地加水即可。3 ~ 5月水深掌握在0.5 ~ 0.8米，6 ~ 8月控制在1.2 ~ 1.5米，9 ~ 10月稳定在1米左右。定期使用光合细菌、EM益生菌、枯草芽孢杆菌等微生态制剂调节水质，高温期间每半个月使用一次，一般用水稀释后全池泼洒。尾水处理区可根据处理负荷的大小配合使用沸石粉、水净宝等进行水质强化处理，实现达标排放与循环利用。

（3）病害防治　在4 ~ 5月，用硫酸锌杀纤毛虫一次；6 ~ 8月，每隔半个月用二氧化氯或二溴海因消毒水体一次。药物的使用避开河蟹蜕壳期及高温闷热天气。

（4）日常管理

① 巡池　坚持早、中、晚各巡池一次，经常查看河蟹活动是否正常。

② 勤开增氧机　一般晴天中午开机2小时；阴天清晨开，傍晚不开；连续阴雨天全天开机；水质肥时半夜开机至翌日7：00。

③ 水草管理　5月前，可根据池塘水草情况适当使用促进水草生长的肥料。高温季节，如果伊乐藻生长过于茂盛，应加强管理。一方面要适当加深水位，另一方面要及时割茬，保持伊乐藻顶端距水面30厘米左右，防止水温过高灼伤伊乐藻，造成伊乐藻死亡败坏水质，引起病害发生。

8. 捕捞上市

河蟹捕捞采取地笼张捕，青虾捕捞采取虾笼诱捕，鱼类通过年底干塘起捕。

五、高淳：青虾、河蟹、鳜混养模式

通过种植多品种水草、分阶段投放活螺蛳、低密度放养、适量混养青虾和鳜，结合科学投喂、水质调节等技术措施，实现成蟹养殖亩均产量80千克、亲虾15千克、鳜10千克，亩均效益5000元左右。

1. 池塘条件

池塘要求水源充足，水质良好，排灌方便，进、排水口分开。池塘面积20 ~ 30亩，池塘内四周开挖环沟，沟宽6米、深0.8米。在池埂上用加厚塑料薄膜建成高0.6米左右的防逃设施，外围用聚乙烯网片建成高2米左右的防盗设施。配备微孔增氧机和水泵，进水口用60目筛网过滤进水。

2. 清塘施肥

12月份干塘清淤，将环沟内水沥干，冻晒一个月，放种前1周用生石灰150千克/亩化水全程泼洒。翌年3月上中旬开始分3次将发酵腐熟好的猪粪按照80千克/亩全池遍洒作为基肥，以繁殖天然饵料生物。

3. 种植水草

池中复合种植多品种水草，水草品种主要有伊乐藻、轮叶黑藻和苦草等。池塘消毒后半个月，在环沟内间隔一定距离栽种伊乐藻，并用生物肥及时追肥。4月在蟹池板田当中栽种轮叶黑藻，播种苦草种子，并用网片围好板田，不让河蟹爬进来。要求水草覆盖率达到60%左右，以利于河蟹与青虾生活、生长和逃避敌害。优质水草不仅为河蟹生长提供了良好的隐蔽、栖息、蜕壳场所，而且是河蟹新鲜适口的饲料，还是螺蛳、虾类等栖息、繁殖的场所，而这些螺蛳、虾类又是河蟹可口的饵料。

4. 投放螺蛳

3月开始购进鲜活螺蛳，投放量150 ~ 200千克/亩，5月补放螺蛳100 ~ 200千克/亩,7月补放螺蛳150 ~ 200千克/亩，投放量合计400 ~ 600千克/亩。

5. 苗种放养

3月初放养优质蟹种，最好选择本地自育自培蟹种。蟹种要求体质健壮、肢体健全、规格整齐，规格为140只/千克左右，放养量550 ~ 600只/亩；3月中旬放养4厘米左右“太湖1号”青虾苗（图4-14），放养量6千克/亩左右；5月中下旬套养4 ~ 5厘米鳜夏花，放养量为20尾/亩左右。

图4-14 “太湖1号”青虾苗

6. 饲料投喂

饲料是河蟹生长的物质基础，是获得优质、高产的关键条件。按照前期精、中间青、后期荤的原则，做到精料充足，青料不缺，精、青、荤搭配，各阶段各有侧重。养殖期间，动物性饵料与颗粒饲料投喂比例为（5～6）：1。

7. 水草管理

前期环沟内伊乐藻长势很好，给蟹种、虾苗提供一个良好的栖息环境，在4月将伊乐藻移栽一部分到浅水区，板田块用网片围好，待苦草长出后再把网片拆掉把蟹种放开，到7月水草覆盖率达到60%以上。

8. 水质管理

由于6月以前及时肥水，水质较好，蟹池内螺蛳的繁殖能力强，后期仔螺蛳很多，水质清爽，透明度在50厘米以上。进入7月后，每天加注新水并定期换水，每隔10天左右用芽孢杆菌、EM菌等微生态制剂调节池塘水质。水质的好坏直接影响河蟹的生活和生长。要求池中既要有丰富的天然饵料，又要有比较稳定的生态环境，使水质达到“肥、活、嫩、爽”。

六、金坛：河蟹、青虾、沙塘鳢套养模式

该模式是依据青虾、沙塘鳢与河蟹共生互利的生物学原理，在养殖河蟹的前提下，合理套养青虾、沙塘鳢（图4–15），采取种植复合型水草、放养大规格自育蟹种、科学投喂饲料、调控水质和生态防病等措施，实现生态环境、产品质量、养殖产量、经济效益的有机统一，达到亩产河蟹100千克、青虾30千克、沙塘鳢20千克、亩效益5000元以上的一项综合高产高效技术。

图4–15　套养青虾、沙塘鳢

1. 养殖条件

池塘要求水源充足，水质清新，溶解氧丰富，常年平均水深在1.5 ～ 1.8米。池塘形状为正方形或长方形，池塘坡比1∶2.5。池底平坦，淤泥厚15厘米以下，进排水独立设置。

2. 苗种放养

（1）准备工作　将池塘内的水抽至10厘米深，用优氯净1.5 ～ 2千克/亩兑水，全池均匀泼洒，1周后抽干池水曝晒15天。1个月后，在浅水区种植伊乐藻，在深水区种植轮叶黑藻，并在空隙处种植苦草，使水草覆盖率常年保持在60% ～ 70%，为河蟹、青虾、沙塘鳢的栖息、摄食提供良好的生态环境。清明节前后，分2 ～ 3次投放活螺蛳600千克/亩左右。

（2）苗种放养

① 放养蟹种　2月在河蟹暂养区放养肢体健全、活动能力强、无病无伤、规格为120 ~ 160只/千克的本地自育蟹种800 ~ 1000只/亩。

② 套养青虾　2月在河蟹暂养区放养规格为400 ~ 500尾/千克的虾种10 ~ 15千克/亩。

③ 套养沙塘鳢　可采用两种方式进行套养：一是5月底投放体长2 ~ 3厘米的沙塘鳢苗种400 ~ 500尾/亩；二是2月在水草移植保护区内，放养沙塘鳢亲本10 ~ 15尾/亩，要求亲本的雌雄比为1.2：1（雌鱼规格70克以上，雄鱼80克以上），池底放置瓦片、大口径竹筒等作为其繁殖产卵的巢穴，促进沙塘鳢自然繁育，苗种孵化期间应培肥水质并坚持增氧，提高受精卵孵化率。

3. 水位调控

4 ~ 5月，水位控制在50厘米左右，透明度一般保持在25 ~ 30厘米。随着水温升高逐渐增加水位，高温季节水深控制在1.5米左右。

4. 水质调节

4月下旬，按照200千克/亩施有机肥调节水质，以促进水草和螺蛳的生长。自7月上旬开始，根据水质变化情况，每15天用微生态制剂调节水质，改良底质，使水质达到“肥、活、嫩、爽”的状态。

5. 饲料投喂

饲料主要以投喂小杂鱼和颗粒饲料为主，河蟹主要以活螺蛳、配合饲料、水草为食，青虾主要利用河蟹的残饵为食，鳜主要以水体中的小杂鱼、青虾等动物性饵料为食。饲料投喂主要考虑河蟹对营养的需求，前期投喂蛋白质含量为35% ~ 38%的配合饲料，中期投喂蛋白质含量为30% ~ 35%的配合饲料，后期投喂蛋白质含量为26% ~ 30%的配合饲料。饲料投喂时间一般在下午4：00左右，投喂量以当天吃完为度。

6. 适时增氧

根据天气变化情况，适时开启增氧设施，使溶解氧含量始终保持在5毫克/升以上。

7. 病害防治

遵循“预防为主、防治结合”的原则，坚持生态调节与科学用药相结合。5月，使用纤虫净0.8千克/亩兑水全池泼洒杀灭纤毛虫，隔天使用生石灰7千克/亩进行水体杀菌消毒；半个月后使用生石灰5千克/亩兑水全池泼洒消毒，隔半个月再用一次生石灰，也可以用季铵盐络合碘0.4千克/亩全池泼洒。6 ~ 9月是病害高发季节，每月投喂1次以饲料中添加2%中草药、1‰氟苯尼考粉和适量的免疫多糖、复合维生素制成的药饵，连续投喂7 ~ 10天，防止肠炎和其他病菌的感染。用药时，应严格避开河蟹、青虾的蜕壳期。

七、金坛：河蟹、青虾套养模式

河蟹养殖中存在养殖产量和市场价格不稳定、集中上市等缺点，影响了河蟹养殖的经济效益和社会效益，也制约了河蟹产业的高质高效发展。针对这些现状，避免单一品种养殖带来的风险，选用青虾作为套养品种，不仅生态位互补，而且养殖病害少、市场价格高且稳定。该模式河蟹平均亩产100千克左右，规格青虾亩产50千克左右，亩纯收入普遍在3000元以上。目前，河蟹、青虾套养模式（图4–16）在江苏、浙江、上海、安徽等地区推广面积已超过100万亩。和常规河蟹养殖技术相比，应用该模式可增产河蟹10%以上，河蟹“水瘪子”病发生率降低20%以上，化肥、渔药用量减少5%以上。

1. 池塘条件

池塘土质为壤土或黏土，不渗水、不漏水，淤泥厚度不超过10厘米。池塘为东西向长方形，面积10 ~ 15亩。池埂面宽2 ~ 3米，坡比1：（2 ~ 3），池底为平底型或“回”字形垄沟。

2. 池塘配套

池埂四周用高60厘米以上的塑料板、尼龙薄膜、水泥瓦

图4-16　河蟹、青虾套养模式

等作防逃设施，埋入土中10 ~ 20厘米，每隔3 ~ 4米可用竹竿或木桩支撑并辅以铁丝固定。每10亩池塘配备3.5千瓦鼓风机以及一套沿池塘走向“非”字形布局的微孔增氧系统。

3. 放养前的准备

清除过多的淤泥，曝晒20 ~ 30天后，每亩使用100 ~ 150千克生石灰，化浆后全池泼洒。池塘消毒7 ~ 10天后栽种水草，以伊乐藻和轮叶黑藻为主，种草前1天水位控制在10厘米左右，先种植伊乐藻，用草量10 ~ 15千克/亩，间距1.0 ~ 1.5米，然后视情况间种轮叶黑藻或苦草，水草覆盖率为池塘的60%左右。清明节前后投放体表洁净的活螺蛳，按照350 ~ 400千克/亩的量一次性放足。

4. 品种选择

蟹种建议选用中华绒螯蟹“长江1号”“长江2号”“江海21号”“诺亚1号”等国家级新品种，蟹种质量应符合《中华绒螯蟹　亲蟹、苗种》（GB/T 26435—2010）的要求；青虾建议选用青虾“太湖1号”“太湖2号”等国家级新品种，质量应符合《青虾 虾苗》（DB32/T 331—2007）的要求。

5. 苗种放养

蟹种、青虾苗种须来源于具有水产苗种生产许可相关资质的良种繁育场。

（1）苗种规格　蟹种规格100 ~ 120只/千克；春季青虾虾苗规格1000 ~ 1500尾/千克，秋季青虾虾苗规格8000 ~ 10000尾/千克。

（2）放养密度　蟹种1000 ~ 1200只/亩；春季虾苗8 ~ 10千克/亩，秋季虾苗3 ~ 5千克/亩。

（3）放养时间　蟹种1 ~ 3月放养；青虾苗种分春、秋两季放养，春季苗种2 ~ 3月放养，秋季苗种7 ~ 8月放养。

6. 饲料投喂

饲料种类包括河蟹配合颗粒饲料、鲜鱼、玉米等。投喂遵循定质、定量、定位、定时的“四定原则”，整个饲养过程中的饲料投喂要根据水质、水温、天气、河蟹的摄食及蜕壳等情况酌情增减。水温达到8℃以上时开始投喂，在每口池塘设置2 ~ 3个饲料台，饲料台用金属框架搭配网片制作。每天傍晚投饲一次，成蟹阶段第4次蜕壳前以河蟹配合颗粒饲料为主，第4次蜕壳后至上市前以投喂绞碎的鲜鱼为主，辅以玉米、南瓜等植物性饲料。青虾以河蟹的残饵及水中天然饵料为食，不必专门投喂。日投喂量：3 ~ 4月为存塘河蟹体重的1%左右，5 ~ 6月为3% ~ 5%；7 ~ 10月为5% ~ 10%。

7. 水位控制

3 ~ 5月池塘水深为0.5 ~ 0.6米，6 ~ 8月水深为1.2 ~ 1.5米，9 ~ 11月水深为1.0 ~ 1.2米。一般5 ~ 7天注水一次，高温季节每天注水10厘米左右，注水时进水口用60目筛绢网过滤。养殖期间，尽量保持水草顶端在水面下，台风或暴雨天气前夕可适当降低水位10 ~ 15厘米。

8. 水质调节

5月开始定时开启增氧机，每天开3 ~ 4小时。在高温季节晚上20：00至次日8：00开增氧机，阴天全天开机。每天监测池塘溶解氧含量，确保不低于5毫克/升。定期检测池水的透明度、pH、氨氮、亚硝酸氮，确保透明度保持在40厘米左右，pH≤8.5，氨氮≤0.02毫克/升，亚硝酸盐≤0.1毫克/升。养殖早期施用氨基酸肥水膏及小球藻，防控青苔；养殖后期每10～15天施用过硫酸氢钾复合盐改良底质一次。每10天使用光合细菌、EM菌等微生态制剂一次。

9. 水草管理

水草覆盖率以60%左右为宜，过多时应及时捞出，并进行无害化处理；后期水草缺乏时可适当补充种植水花生等水生植物。

10. 日常管理

早晚各巡塘一次，观察水质变化，检查河蟹和青虾的活动、蜕壳、摄食情况，检修养殖设施，观察并驱除敌害。建立日常养殖生产档案，生产记录保存24个月以上。

11. 病害防治

坚持预防为主的原则，做到生态调节与科学用药相结合，提高虾蟹的免疫力，预防和控制疾病的发生。药物使用执行《无公害食品　渔用药物使用准则》（NY 5071—2002）的规定，用药符合农业农村部《水产养殖用药明白纸2020年1号》《水产养殖用药明白纸2020年2号》等的规定。

12. 捕捞上市

（1）河蟹捕捞　河蟹自10月初开始捕捞，根据市场行情及气温变化情况灵活掌握捕捞时间，至11月底捕捞结束。一般采用地笼张捕、人工捕捉及干塘起捕等方法捕捞。

（2）青虾捕捞　春季虾4月中旬开始起捕，采用水面单向开口的地笼捕捞，捕虾放蟹，捕大留小，直至6月份；秋季虾于8月初开始起捕，起捕方法与春季虾相同，直至捕到河蟹成熟上市。捕虾时间避开河蟹的蜕壳高峰期。

第三节　湖北省典型模式

一、汉川：小龙虾、河蟹混养模式

小龙虾和河蟹同属甲壳类动物，其生态习性很相近，所需生长环境高度相似，因此会产生争夺食物和空间的效应。但是通过合理的管理措施，在池塘内3 ～ 5月以养殖小龙虾为主，6 ～ 10月以养殖河蟹为主，就能减少食物和空间的竞争，达到充分利用养殖水体、增加经济效益的目的。采用该模式，水产品亩均产量300千克左右，亩均产值11000元以上，亩均利润6000元左右。

1. 池塘条件

池塘水源充足，水质良好，排灌方便，无污染源。池塘土质为壤土或黏土，池底平坦，淤泥厚度约20厘米，面积10 ～ 20亩，平均水深1.5 ～ 1.8米。

2. 池塘改造

在池塘的深水区，用高约1米的网围拦一块面积占池塘总面积 1/3 的暂养区用于蟹种的强化培育。池塘采用密眼网片加塑料薄膜作为防逃设施，并配备增氧设施。

3. 清塘消毒

利用冬闲季节干塘，将池塘中淤泥清出并冻晒20天左右。清除杂草，加固池埂，使池塘具有能保持水深1.8米的能力。用生石灰75 ～ 100千克/亩化浆全池泼洒进行清塘。最后放水，并用二氧化氯5 ～ 6千克/亩兑水全池泼洒消毒。

4. 水草种植

以小龙虾为主养模式的可全池种植伊乐藻；以河蟹为主的模式除了种植伊乐藻之外，还要在池塘中央区域栽种苦草、轮叶黑藻等水草。伊乐藻种植时间为前一年的11月底，苦草、轮叶黑藻的种植时间为当年的3 ～ 4月。水草种植成条块状，覆盖面积占池塘面积的40% ～ 60%。

5. 螺蛳投放

在清明前活螺蛳投放量100千克/亩左右，在8月份活螺蛳投放量200 ~ 300千克/亩。

6. 苗种投放

（1）以河蟹为主　在1 ~ 2月将蟹种投放到占池塘面积1/3的围网区域，投放量1000 ~ 1500只/亩；在3月中下旬将小龙虾苗种投放到占池塘面积2/3的围网区域，投放量6000 ~ 8000尾/亩；每亩可套养30尾左右的鲢、鳙鱼种以及10尾左右鳜苗种。

（2）以小龙虾为主　在1 ~ 2月将蟹种投放到占池塘面积1/3的围网区域，投放量500 ~ 800只/亩；在3月中下旬将小龙虾苗种投放到占池塘面积2/3的围网区域，投放量6000尾/亩左右；在6月份完成小龙虾捕捞后投放第二批小龙虾苗种，投放量4000 ~ 6000尾/亩；每亩可套养30尾左右的鲢、鳙鱼种以及10尾左右鳜鱼苗种。

7. 饲料投喂

（1）河蟹投喂　河蟹养殖前期投喂蛋白质含量为40%左右的河蟹全价饲料，中期高温季节投喂蛋白质含量为28%的河蟹全价饲料，后期8月开始再投喂蛋白质含量为40%的河蟹全价饲料。

（2）小龙虾投喂　前期为围网分隔期（图4-17），在小龙虾养殖区域投喂小龙虾饲料；中后期为混合养殖期，一般投喂河蟹饲料；也可以全程投喂河蟹饲料。

8. 水位控制

3 ~ 4月水位保持在0.4 ~ 0.5米，5 ~ 6月水位保持在0.6 ~ 1.2米，7 ~ 8月水位保持在1.2 ~ 1.5米，9 ~ 10月水位保持在1.0 ~ 1.2米。

9. 水质调节

通过定期换水、使用生石灰及微生态制剂改善水质，适时开启增氧机提高水体溶解氧含量。在高温季节，要勤开增氧机，多换新水，每15天左右施用微生态制剂或底质改良剂1

图4-17 围网分隔期

次，改良水质，预防疾病。

10. 水草管理

水草覆盖率控制在池塘面积的50% ~ 60%。高温期间要采取割草、施肥、加深水位等措施防止伊乐藻老化和死亡。水草过少要及时补充移植，过多应及时清除。留种小龙虾自繁的池塘，要在9月开始在四周沟边布置一些水花生或水葫芦等漂浮植物，以利于小龙虾幼苗附着等。

11. 日常管理

每日巡塘，主要是察看水质变化，观察小龙虾和河蟹摄食情况以及时调整投喂量。建立并记录好养殖日志。大风大雨过后，及时检查防逃设施，如有破损及时修补；如有蛙、蛇等敌害，及时驱除。

12. 捕捞上市

（1）小龙虾捕捞　在4月至5月中旬用地笼捕捞小龙虾出售，小龙虾捕捞结束后撤除围网，让河蟹在整个池塘进行养殖。养殖第二季小龙虾的池塘，7月中旬至8月底用地笼捕捞小龙虾出售。

（2）河蟹捕捞　10月初至11月底采用徒手捕捉、地笼张捕、干塘捕捉等方法将河蟹捕捞上市。

（3）鱼的捕捞　主要采用干塘捕捉法将鳜、鲢、鳙等鱼类捕捞上市。

二、仙桃：3+5分段养蟹模式

3+5分段养蟹模式是湖北省河蟹产业技术体系创新团队为了解决湖北省外购蟹种质量没有保障、水草资源容易遭到破坏的难题，集成、创新的一种先进的河蟹养殖模式，是在蟹种养成成蟹过程中，分别在小池塘和大池塘养殖3个月和5个月的一种养殖模式，具体为：第一阶段于2月中旬至5月中旬这3个月在小池塘对蟹种进行强化培育，第二阶段于5月中旬至10月中旬在大池塘对在小池塘已完成两次蜕壳且规格达到20～30克/只的优质蟹种进行成蟹养殖。3+5分段养蟹模式在目前湖北省本地蟹种远远不能满足养殖需求的前提下，不仅通过优胜劣汰实现了蟹种质量可控，而且为河蟹生长提供了良好的生态环境，还结合水草控制、放养密度控制、水质控制、投饲控制、病害控制等技术，实现了河蟹养殖过程全程可控，达到无公害水产品生产的要求。

1. 池塘条件

（1）位置、朝向　池塘环境安静，远离污染源，有毒有害物质限量符合《无公害食品　淡水养殖产地环境条件》的要求。池塘以东西向长方形为宜，池周无高大建筑物。

（2）水源与水质　水源充足，水质应符合《无公害食品　淡水养殖用水水质》的要求。

（3）土质、淤泥　土质以壤土为好，黏壤土次之，池塘淤泥厚度控制在不超过20厘米。

（4）电力、交通　池塘配套电力充足，有三相电源，交通方便。

（5）面积　池塘分为大、小两口池塘（图4-18），其中，大池塘适宜面积为15～30亩，小池塘适宜面积为5～10亩，大、小池塘面积比约为3：1。

图4-18 大、小两口池塘

（6）池塘深度　池塘的深度以能蓄水1.5米为宜，大池塘内周应有蟹沟，蟹沟外沿距池塘底脚2 ～ 3米。蟹沟宽3米、深0.5 ～ 0.7米。

（7）埂宽、坡比　池埂面宽达2米以上，池埂内边坡坡比1：2.5左右。

（8）进、排水　进、排水口应设在池塘对角或对边并用60目密眼网围住。进水口宜稍高于排水口以满足进排水方便的要求。

2. 池塘的准备

（1）池塘清整　小池塘宜在前一年的10月底前进行池塘清整，大池塘宜在前一年的12月底前进行池塘清整。池塘清整时，排干池水，清除池底过多的淤泥，修整池塘边坡和进排水口。

（2）池底曝晒　小池塘清整后曝晒至11月中下旬，大池塘清整后曝晒至2月底。

（3）进水、消毒　小池塘在11月中下旬开始进水，大池塘2月底开始进水，进水深度以覆盖全部池底为宜。进水后用生石灰70 ~ 100千克/亩或强氯精1.0 ~ 1.5千克/亩进行消毒。

（4）水草种植　小池塘只种伊乐藻，大池塘种植的水草品种以轮叶黑藻为主，辅以少量苦草。新开挖的池塘在种草前施经发酵腐熟后的有机肥30 ~ 50千克/亩，肥料使用应符合《肥料合理使用准则　通则》的要求。

① 伊乐藻种植　伊乐藻的种植时间应在前一年12月份之前。清塘消毒7 ~ 10天后，将草茎切成15厘米左右，10株左右为一束，按行株距80厘米 × 50厘米插入泥中，草种用量15 ~ 25千克/亩。待水草成活后，逐渐加水，以浸没水草末端10厘米即可。

② 轮叶黑藻种植　轮叶黑藻种植时间为当年3 ~ 4月。

a. 芽苞种植。3月中下旬进行，按行株距50厘米 × 50厘米，每穴3 ~ 5粒芽苞埋入泥中，芽苞用量1千克/亩左右。

b. 营养体繁殖。4月，将轮叶黑藻草茎切成长10厘米左右的茎节，每10根左右为一束，插入泥中，行株距为100厘米 × 50厘米。草种用量15 ~ 30千克/亩。

c. 原塘留种。9月如果池塘内还有大量轮叶黑藻，第二年3 ~ 4月会有大量水草自然生长，根据水草生长情况决定是否需要补充种植。

③ 苦草种植　在清明前后水温回升到15℃以上时，开始晒苦草的果荚1 ~ 2天，然后浸泡12小时左右，捞出后搓出果荚内的种子，再用细土或细沙拌种后，播种在池塘中水位不超过30厘米的浅水区。种子用量0.15 ~ 0.2千克/亩。

（5）加注新水　小池塘在蟹种放养前1周加注新水，平均水深达到30厘米左右；大池塘在5月上旬加注新水，水深达到60 ~ 80厘米。

（6）螺蛳投放　清明节前，大池塘投放活螺蛳100千克/亩左右，投放时应均匀遍撒于池内。

（7）防逃设施安装　养殖防逃设施宜采用钙塑板结合聚

乙烯网片。钙塑板埋入土中10 ~ 20厘米，高出地面50厘米左右，在池角处应建成弧形，外侧用木桩或短竹竿固定。聚乙烯网片设在钙塑板外侧，高150厘米左右。

3. 苗种放养

（1）蟹种放养

① 蟹种规格及质量　小池塘放养的蟹种规格以5 ~ 10克/只为宜，大池塘放养的蟹种为在小池塘内经过强化培育后捕捞起的蟹种，规格20克/只以上为宜，来源和质量应符合《中华绒螯蟹　亲蟹、苗种》（GB/T 26435—2010）的规定。

② 放养时间　小池塘宜在2月中旬之前，选择晴朗天气放养。大池塘在5月中旬，选择在晴天的早晚放养。

③ 放养密度　小池塘放养密度以4000 ~ 6000只/亩为宜，大池塘以800 ~ 1200只/亩为宜。

④ 放养方法　小池塘在放养前应先将蟹种连同网袋在池塘水中浸泡1分钟左右，提起搁置2 ~ 3分钟，再浸泡1分钟，再搁置2 ~ 3分钟，如此反复2 ~ 3次，再将蟹种分开轻放到浅水区或水草较多的地方，让其自行进入池塘。小池塘养殖周期结束后，捕捞小池塘内经过强化培育的蟹种并挑选出规格超过20克/只的大规格蟹种，将挑选所获的蟹种轻放到大池塘浅水区或水草较多的地方，让其自行进入池塘。

（2）混养品种放养　小池塘宜混养规格150 ~ 200克/尾的鳙鱼种30 ~ 50尾/亩。大池塘宜混养规格5 ~ 20尾/千克的鲢、鳙鱼种（2∶1）30 ~ 40 尾/亩，规格5厘米左右的鳜10 ~ 20尾/亩，规格10 ~ 20厘米的细鳞斜颌鲴50 ~ 100尾/亩。

4. 饲料投喂

（1）饲料种类　包括小杂鱼、螺蛳等动物性饵料和玉米、南瓜、土豆等植物性饲料以及河蟹专用配合饲料等。饲料卫生指标应符合《饲料卫生标准》（GB 13078—2017）的规定，安全限量应符合《无公害食品　渔用配合饲料安全限量》（NY 5072—2002）的规定。

（2）投饲原则　采用“两头精中间粗”的投喂原则。整个饲养过程饲料安排各有侧重：前期采用高蛋白河蟹全价颗粒饲料搭配少量动物性饵料；中期投喂低蛋白河蟹全价颗粒饲料搭配少量植物性饲料；后期投喂高蛋白河蟹育肥料搭配少量动物性饵料。

（3）投饲方法及投饲量　按照“四定、四看”的科学投喂方法进行人工投喂管理。饲料应定点均匀投在浅水无草区，每天早晨及傍晚各投喂1次，傍晚的投喂量可占当天投喂量的70%。小池塘在水温达到8℃以上时应开始投喂，大池塘蟹种放养后即开始投喂。整个饲养过程中的投食应根据水质、水温、天气、摄食、生长、蜕壳等情况适当增减。投饲量见表4-1。

表4-1　成蟹养殖阶段不同月份的投饲量

时间	2月	3月	4月	5月	6月至8月中旬	8月下旬至9月	10月
投饲量/%	1	1～2	2～4	5～8	5～10	10～12	6～10

注：投饲量为所投饲料量占养殖水体中河蟹总重量的百分比。

（4）补投螺蛳　8月中旬，大池塘补投活螺蛳300千克/亩左右，投放时应均匀遍撒于池内。

5. 水质管理

（1）水位调控　蟹种放养初期，平均水深控制在30厘米左右；4 ~ 5月平均水深为50 ~ 80厘米；6月保持在100 ~ 120厘米；7 ~ 8月加到最大平均水深150厘米；9 ~ 10月保持水深100 ~ 120厘米。

（2）换水　夏季高温季节，每周换水1次；春季、秋季每半个月换水一次。换水时应先排后加，每次换水不超过1/5且换水前后温差不超过3℃。当河蟹进入成熟期大量上岸时，应增加换水次数，每隔2天换水一次。换水时应边排边加，保持水位不变，时间2小时左右。

（3）水质调节　4月中旬后，全池定期泼洒改良水质的微生态制剂，间隔期为15 ~ 20天；7 ~ 8月高温季节间隔期为

10 ～ 15天。

6. 日常管理

（1）巡池检查　勤巡塘，勤记录。坚持“五查”：一查水位水质变化情况；二查河蟹生长、摄食、活动情况；三查防逃设施完好程度；四查塘埂、涵闸有无破损、渗漏情况；五查病害、敌害情况。

（2）水草管理　4月下旬前后将小池塘内伊乐藻的上层割去，留下30厘米左右短茬；6月初将大池塘内轮叶黑藻的上层割去1/3长度，根据水草生长情况7 ～ 8月可再割3次左右，要求水草顶端始终不露出水面。水草过密时要及时进行适当清除；水草过少时要及时补栽伊乐藻、轮叶黑藻、苦草等。7 ～ 8月水草应低于水面30厘米以上并使用药物预防水草虫害。虫害高发期应每天检查水草有无虫害，发现虫害立即用药物杀灭。水草覆盖率保持在池塘面积的60%左右为宜。水草浮起或腐烂应及时捞起。

（3）底质调控　在正常生产季节应定期使用改良底质的微生态制剂和环境改良剂。其中微生态制剂一般水温18 ～ 28℃时每15 ～ 20天使用1次，水温超过28℃时，每7 ～ 10天使用1次；环境改良剂一般在4 ～ 5月每20 ～ 30天使用1次，6 ～ 8月每10 ～ 15天使用1次，9月后随时根据河蟹底板状况灵活使用。

7. 蜕壳期管理

蜕壳前应适当增加投饲量并及时补钙。蜕壳期间，每天少量换水，保持池塘水位稳定，环境安静，不使用药物。蜕壳高峰期投饲量应减少到平时的50%左右，高峰期后投喂量较平时增加50%。

8. 病害防治

（1）预防措施　通过严格的清塘消毒、放养健康的蟹种、种植水草、投放螺蛳、水质调节、投喂新鲜优质的饲料、底质调控等综合技术措施，人工营造适合河蟹栖息和生长的池塘养殖生态环境条件与饲料资源条件，预防病害的发生。

（2）治疗原则　河蟹常见疾病主要有纤毛虫病、黑鳃病、水肿病、抖抖病等。发生病害时，治疗药物的使用应执行《无公害食品　渔用药物使用准则》（NY 5071—2002）和《水产养殖用药明白纸》最新的规定。

9. 捕捞及运输

（1）捕捞时间　小池塘大规格蟹种捕捞时间宜在5月10～20日完成；大池塘成蟹捕捞宜在9月下旬至11月底完成。

（2）捕捞方法

① 小池塘捕捞（图4-19）　前期在池塘中设置地笼进行大规格蟹种捕捞，捕捞期间宜减少投喂量并适当冲水；后期排干池水进行捕捉。

② 大池塘捕捞　河蟹一般前期在池塘中设置地笼进行捕捞或利用河蟹夜晚上岸爬行的习性徒手捕捉，后期排干池水进行捕捉。混养鱼类一般采用干塘法进行捕捞。

（3）成蟹暂养　成蟹捕起后应放入暂养箱中用清水暂养3～5天，期间可适量投喂玉米。洗净河蟹身上泥污，提高外观品质。

图4-19　小池塘捕捞

（4）成蟹运输 暂养后的成蟹按不同规格、雌雄分袋进行包装，温度控制在5～10℃保湿运输至市场销售。

三、监利：豆蟹当年直接养成成蟹模式

监利地区的蟹农习惯以豆蟹当年养成成蟹模式为主，有70%～80%的蟹农是采用这种模式。监利河蟹上市时间比同省的洪湖、汉川晚2～3个月，一般在12月集中上市，到春节前后才售完。由于此种模式管理比较粗放，投放的豆蟹规格小、密度大，放苗时间迟，因此养成的河蟹在湖北3大河蟹主养区规格最小，成蟹的规格大多仅为75～100克/只，适合做香辣蟹。养殖豆蟹可以延长河蟹销售期，弥补市场空白。这种模式河蟹亩产量大多100～150千克，部分高水平蟹农亩产量能达到200～300千克。

1. 池塘条件

池塘适宜面积为15～30亩，土质以壤土或黏壤土为宜，池底淤泥不超过20厘米。池埂宽度不低于2米，坡比要求1：（1.5～2）。池塘蓄水深度不低于1.5米，以东西向长方形为宜，要求环境安静、水源充足、水质清新，保证常年旱涝不愁、排灌自如。池塘附近无工业废水、农药水、生活污水排放。

2. 池塘准备

（1）清塘消毒 池塘水深20厘米左右，使用茶粕10～20千克/亩除杂，实际用量依池塘水深及底泥厚度情况而定。茶粕不仅可以有效清除野杂鱼、螺蚌等敌害生物，而且还可以作为培肥水质的肥料。茶粕除杂3～5天后使用生石灰50～150千克/亩进行消毒，生石灰的实际用量依池塘水深及底泥情况而定。生石灰清塘不仅可以杀死多种病原体，而且还可以碱化底泥、增加钙的含量并释放出被淤泥吸附的氮、磷、钾等营养物质。一般清塘后再晒塘2～3周。

（2）水草种植 水草品种以伊乐藻、黄丝草为主，适当搭配轮叶黑藻和苦草，水草的多样化对河蟹安全度过高温期有很

好的帮助。水草种植时间宜早不宜迟，尽量在放豆蟹之前让水草扎根成活。栽种前可施用一次基肥以促进水草的生长，长根壮草。在种植水草（图4-20）时宜采取以4米为宽度、南北向种植的方式，避免水草长不起来或过多。

图4-20 池塘种植水草

（3）螺蛳投放　投放活螺蛳不仅能源源不断地为河蟹提供优质的天然动物性饵料，而且可以净化底质和水质。监利地区蟹农一般在清明节前投放活螺蛳150千克/亩左右，后期视情况再补放。投放活螺蛳时应注意几个问题。

① 尽量选择尾部未受损的手工捕捞的螺蛳。

② 螺蛳投放前进行消毒处理以杀灭身上的细菌、寄生虫等病原体。

③ 螺蛳投放时应均匀分布，避免堆积到一起导致局部缺氧死亡。

3. 苗种放养

（1）放苗前的准备

① 池塘豆蟹放养前10天加好水，有环沟的池塘环沟内水

位要深80厘米以上，确保水质相对稳定。

② 放豆蟹前1周左右全池泼洒络合碘、聚维酮碘等碘制剂对水体消毒一次。

③ 消毒后使用低温快速肥水产品培肥水质，水体透明度控制在40厘米左右。

④ 通过天气预报，避开恶劣天气以免造成豆蟹放养成活率低。

（2）豆蟹质量

① 选择信誉非常好的苗种场购买豆蟹，确保豆蟹质量。

② 尽量选择规格均匀、体质健壮、活力好、食线清晰、甲壳光亮的豆蟹。

③ 豆蟹运输途中避免颠簸，运输时间不宜过长。

（3）放养时间与密度　该模式的投苗时间相对较晚，一般集中在3月中下旬。高水平的蟹农，豆蟹放养密度为6000 ~ 10000只/亩；水平一般的蟹农，豆蟹放养密度为4000 ~ 6000只/亩。大规格豆蟹，运输过程中和下塘后成活率相对较高，可以适当降低放养密度；相对应的，小规格豆蟹则适当增加放养密度。

（4）放养方法

① 豆蟹放养前一小时全池泼洒免疫多糖、应激灵等抗应激药物，减少应激反应，增强豆蟹对新环境的适应能力。

② 豆蟹到达池塘后先放在塘边缓苗适应气温。

③ 使用免疫多糖、应激灵等抗应激药物浸泡苗种3 ~ 5分钟，反复2 ~ 3次以恢复体质。

④ 豆蟹放养后适量投放一些开口饲料，让豆蟹尽早摄食以增强体质。

（5）混养品种的放养　为充分利用水体空间，一般在4 ~ 5月放养鲢、鳙水花1万 ~ 3万尾/亩，5 ~ 6月放养鳜寸片50尾/亩左右；也可以放养规格6 ~ 20尾/千克的鲢、鳙各10尾/亩，放养鳜寸片10 ~ 15尾/亩。由于一般池塘中都有自然繁殖的小龙虾苗种，不建议投放小龙虾。

4. 饲料投喂

投饲根据天气变化、蜕壳、水质情况等合理调整，以高蛋白配合饲料及冰鲜鱼为主，玉米或小麦为辅，按前期1.5% ~ 3%、中期3% ~ 5%、后期5% ~ 7%的比例投饲。一般每天投喂两次，其中傍晚投喂量占70%。

5. 水质管理

河蟹养殖池塘的水质，既要保持一定的透明度，又要有一定的肥度，不同生产时期水质管理侧重点有所不同。

（1）前期注重肥水（6月前） 前期做好肥水不仅能够使水温保持相对稳定，而且能促进藻类大量繁殖，抑制青苔生长。前期水温低且温差大，一定要选对低温肥水产品并遵循“量足多次”的原则。池塘平均水位至少保持40厘米，施肥应选在天气晴朗的上午。前期螺蛳投放量不宜超过150千克/亩，否则会因为螺蛳大量滤食藻类导致肥水困难。

（2）中后期注重调水稳水（6 ~ 9月） 中后期处于高温期，雨水多、气压多变，由于残饵、粪便、死亡藻类和菌类的尸体等日积月累，水质很容易恶化、引发蓝藻暴发、水草腐烂，甚至出现泛塘现象。此阶段宜多改底解毒、补充碳源及微生态制剂以调节水质，要求透明度不低于40厘米。根据天气情况合理使用增氧机，保证溶解氧充足。在高温期时宜定期换水，同时注意水位控制在1.0 ~ 1.5米。

6. 水草管理

（1）水草过多 水草太多太密，会导致pH波动过大让河蟹难以适应，还会在连绵阴雨天造成水体缺氧。池塘水草覆盖率保持在池底面积的60%左右为宜。如果过密，要及时进行适当清除。

（2）水草过少 水草过少，不仅河蟹蜕壳时缺乏足够的隐蔽场所，造成成活率过低，而且净化水质不足，会导致河蟹病害频发、高温期蓝藻暴发等问题。水草过少时要及时补栽伊乐藻、轮叶黑藻、苦草、水花生等（图4–21）。

（3）水草施肥 3 ~ 4月定期使用促进水草生长的肥料，

图4-21　补栽水草

利于水草长白根，根茎粗壮；水草生长到50厘米左右开始使用控制水草纵向生长的肥料，一般10天左右使用一次；中后期使用保持水草活力的水草专用肥料，使用次数根据天气及水草生长情况而定。如果水草出现漂草现象，要及时补充微量元素和促进水草生长的肥料；对于漂草，要及时打捞，防止腐烂而败坏水质。

（4）水草割茬　水草露出水面，不仅根茎容易发黄、发黑导致水草失去活力，而且虫害会明显增多，因此要经常采取割茬的方法防止水草露出水面。在条件允许的情况下，在5 ~ 7月一般割茬3 ~ 4次。建议一次割茬面积占整个池塘面积的1/3 ~ 1/2，等割过的水草恢复活力之后再对剩余的地方进行割茬，另外，割茬后要及时施肥给水草补充必要的营养。

（5）水草虫害　7 ~ 8月水草应保持在低于水面30厘米以上并使用药物预防水草虫害。虫害高发期每天检查水草有无虫害，发现虫害立即用药物杀灭。

（6）防止夹草　饲料投喂不足或小龙虾、河蟹密度过高时会导致小龙虾、河蟹夹草，破坏水体生态环境。饲料投喂时保质保量并控制小龙虾数量，减少小龙虾、河蟹在空间、食物方面的争夺，对于防止小龙虾、河蟹大量夹草有重要作用。

7. 底质调控

豆蟹当年直接养成成蟹模式属于高密度养殖模式，在养殖中后期，随着水温逐渐升高，大量残饵、粪便在池塘底部堆积，容易导致底层缺氧，以致氨氮、亚硝酸盐等指标超标、病原菌大量繁殖、毒素累积，造成河蟹生长缓慢、纤毛虫寄生、饲料系数升高、疾病暴发、死亡等不良后果，因此底质的调控就显得特别重要。

底质的调控主要采取以下措施。

（1）晒塘翻耕　在河蟹捕捞完成后，尽快抓紧时间晒塘，有条件的最好对池塘底部进行翻耕。

（2）池塘清淤　对于底部淤泥超过20厘米的池塘要及时清淤。养殖河蟹的池塘一般属于中小池塘，比较适合选择清淤机、泥浆泵这类机械进行清淤。

（3）加强改底　定期使用过硫酸氢钾复合盐、高铁酸盐等底质改良剂进行底质改良，养殖前期2 ~ 3次/月，养殖中后期3 ~ 4次/月。

8. 蜕壳期管理

视蜕壳情况定期做好钙质、多维、多糖类产品的补充，保障河蟹顺利蜕壳并提高蜕壳的增重率。

9. 日常管理

主要是坚持每天早、晚各巡塘1次，主要工作：一是检查防逃设施的完好情况，发现破损应及时修补；二是检查河蟹的活动和摄食情况，发现有剩余饲料时应减少投饲量；三是检查水质变化和河蟹的蜕壳、生长情况，发现异常应及时采取应对措施；四是认真填写生产记录，详细记录放养、投喂、水质、病害、产量和销售等情况，并整理归档保存，为下一年的养殖生产提供参考。

10. 捕捞上市

河蟹的捕捞主要采取地笼张捕、徒手捕捉、干塘等方法进行捕捞。河蟹捕捞起来后，应在清水里把鳃腔里的泥沙和污物清洗干净再进行销售。

第四节　安徽省典型模式

一、当涂：河蟹池塘高产高效养殖模式

采用“种草、投螺、稀放、混养、足饵、调水”的河蟹生态养殖技术模式，是当涂河蟹池塘养殖技术的核心。这种河蟹池塘高产高效养殖技术可实现每亩产河蟹90千克以上，每亩养殖效益5000元以上。

二、技术要点

1. 池塘条件

池塘面积以30亩左右为宜，土质为黏壤土，池埂坡比1：（2 ~ 2.5），最大水位可达1.5米。要求水源充足，水质符合国家渔业养殖用水标准。进排水方便，交通便捷，电力常年供应正常。沿池塘四周离埂脚3米挖环沟，沟宽6米、深0.8米。

2. 池塘清整

前一年河蟹捕捞结束后，抽干池水，曝晒1个月左右，清除过多的淤泥（留淤泥10厘米左右），维修整平池埂，确保足够的浅水区域供河蟹摄食活动。池塘整修后，即进行消毒杀菌，一般采用生石灰加水全池泼洒，用量100 ~ 150千克/亩。

3. 种草

池塘内一般种植伊乐藻、苦草、轮叶黑藻三种水草。

（1）伊乐藻　伊乐藻在2月之前种植结束，种植在环沟内，每亩（实际种植面积）用草量200 ~ 250千克。

（2）苦草　苦草4月种植结束，每亩用种量0.5千克左右，

将种子揉搓后拌泥沙在板田上全池抛撒。

（3）轮叶黑藻　轮叶黑藻4月种植结束，每亩（实际种植面积）用1.5～2厘米长的芽孢7千克左右，种植面积占板田面积的50%左右。为防止轮叶黑藻早期被破坏，用密眼围网将其隔开。

4. 投螺

螺蛳最好分批投放，投放时应均匀撒在浅水区。一般3～4月向池塘内投放活螺蛳100千克左右，8月投放200～300千克。螺蛳虽然能源源不断地为河蟹生长提供优质动物性饵料，但螺蛳一次投放过多会造成池塘水质过瘦，并且高温期非常容易造成池塘缺氧。

5. 稀放

河蟹对底栖动物和水草的摄食量很大，且对水草的根系破坏力较强。蟹种放养密度过高，既会对池塘生态环境造成过大的压力，又会影响商品蟹的规格。适宜的放养密度应以既能充分利用资源，又不影响资源再生为原则。蟹种稀放，是使池塘生态系统中的能量流动和物质循环保持平衡的有效方法。蟹种投放时间为12月至翌年3月上旬，水温在5～10℃时投放。蟹种放养规格通常为100～200只/千克，放养量667只/亩。

6. 混养

河蟹是生活在水体底层的甲壳动物，如果不适量混养其他水生动物就会造成水体资源的浪费。翘嘴红鲌、鲢、鳙、细鳞斜颌鲴、青虾等一般在3月上中旬投放，其中翘嘴红鲌规格12厘米/尾左右，投放量200尾/亩；鲢规格500克/尾左右，投放量5尾/亩；鳙规格750克/尾左右，投放量15尾/亩；细鳞斜颌鲴规格12厘米/尾左右，投放量100尾/亩；青虾2.5～3厘米/尾，投放量1千克/亩。鳜、黄颡鱼一般在5～6月放养，其中鳜鱼苗规格3～4厘米/尾，投放量10～20尾/亩；黄颡鱼鱼苗规格3厘米/尾左右，投放量100尾/亩。

7. 足饵

投饲应根据天气变化、水质情况以及河蟹的蜕壳、发病情况等合理调整，以高蛋白动物性饵料及冰鲜鱼为主，搭配玉米或小麦为辅，投饲率按前期1.5% ~ 3%、中期3% ~ 5%、后期5% ~ 7%的比例。一般日投饲2次，上午和傍晚各投喂1次，以傍晚投饲为主（占日投饲量的70%左右），10月中旬开始以白天投饲为主。投饲时，上午向深水区投喂，傍晚在近岸缓坡浅水处投饲。投饲点应尽量分布均匀。

在池塘内要生产大规格商品蟹，必须加强投饲。河蟹饲料投喂要遵循“两头精、中间粗”“荤素搭配”的原则，尽量做到“匀、鲜、足”。“匀”是指饲料营养要均衡，养殖前期（4 ~ 6月）和养殖后期（9 ~ 10月）人工投喂的饲料中，动物性饵料的比例要大些，一般占60% ~ 70%；养殖中期（7 ~ 8月高温期）植物性饲料的比例要大些，一般70% ~ 80%，以满足河蟹的营养需求。“鲜”是指饲料新鲜、适口、不变质，小麦、玉米等植物性饲料要求无霉变并经熟化处理；动物性饵料要求鲜活，投喂前需经消毒处理。“足”是指饲料投喂要充足，保证投喂后2 ~ 3小时吃完为度。通常可在20：00 ~ 21：00巡塘，如发现食台上剩余饲料超过投饲量的1/10，说明饲料投喂过多，应适量减少投饲量。

8. 调水

（1）水位控制　定期加注新水，可以改善池塘水质。4 ~ 6月每10 ~ 15天加水1次，每次加水20%左右。6 ~ 9月每周加水1次，每次加水30% ~ 40%。加水时应加注含氧量较高的新鲜水，以改善蟹池水质。

（2）透明度控制　通常情况下蟹池的水色以淡黄褐色、淡褐色、淡绿色为好，透明度掌握在40 ~ 60厘米，使清水成为肥、活、嫩、爽的优质水，这样更有利于河蟹的摄食和生长。建议定期使用微生态制剂，培藻色、平菌相、促生长。

（3）科学增氧　溶解氧是影响河蟹生活和生长的重要环境

因子。溶解氧含量过低，会造成饲料系数升高、厌氧菌大量繁殖、氨氮和亚硝酸盐升高等负面影响，建议池塘配套增氧设施（图4-22），通过增加水体溶解氧以促进池内有机物的氧化分解。

9. 水草管理

为防止伊乐藻露出水面影响水体流动或因高温而死亡，5月用割草机割伊乐藻顶端3次，一般10天左右一次，使伊乐藻始终保持在水面30厘米以下。这样既可以保证伊乐藻高温期不死亡，也为河蟹高温期避暑提供了理想场所。轮叶黑藻是河蟹最喜食的水草之一，早期易破坏，必须用围网隔开，待6月初布满种草区后方可拆除围网。苦草被河蟹夹断后及时捞出池塘。为促进水草生长，5～6月，每个月各施一次过磷酸钙，用量为5千克/亩。整个养殖期，水草覆盖率不超过池塘总面积的60%。

10. 病害防治

河蟹第一次、第二次蜕壳后，用硫酸锌或纤虫净杀两次纤

图4-22 池塘配套增氧设施

毛虫，具体用量见药品说明书；定期泼洒生石灰进行水体消毒，每米水深用量为10千克/亩；7 ~ 9月，每10 ~ 15天用微生态制剂泼洒一次以调节水质。

11. 适时上市

根据历年来水产品交易规律，中秋和国庆两节之前成蟹的价格较高，早上市就有好价格。一般中秋前河蟹的价格比国庆后的价格高20% ~ 50%。蟹池要注重在养殖后期通过降低水草覆盖率及水位以提高有效积温，多投喂高蛋白河蟹育肥料或动物性饵料以促进河蟹的营养积累，这样上市时间较一般池塘可以提前1周以上。

第五节　山东省典型模式

一、微山：河蟹、南美白对虾混养模式

在河蟹池塘养殖中，混养南美白对虾，通过虾蟹混养降低养殖病害发生，饲料和养殖水体空间得到充分利用，养殖效益进一步增加，体现了生态养殖的优势。平均亩产河蟹50千克左右，南美白对虾30千克左右。虾、蟹混养既不影响河蟹养殖，也不需要增加太多的投入，每亩可增加纯收入500 ~ 1000元，而且养殖的虾、蟹品质优良，色泽、口感俱佳。

二、技术要点

1. 池塘条件

池塘面积10 ~ 50亩为宜，水源充足，水质符合国家渔业用水标准，进排水方便，池深2米左右。

2. 准备工作

（1）清塘消毒　2月中旬使用生石灰100千克/亩化浆后全池泼洒，杀灭病原体并改善池塘底质。

（2）种植水草　水草品种主要是伊乐藻、轮叶黑藻和苦草。种水草时施入生物有机肥20 ~ 50千克/亩，或施入复合

肥3 ~ 5千克/亩，促进水草生长。水草覆盖率不低于池塘面积的20%，种植在池塘的四周。

（3）投放活螺蛳　清明节前后，投放活螺蛳200 ~ 300千克/亩，使其在池塘内繁殖、生长，源源不断地为河蟹提供活饵并净化水质。8 ~ 9月，这一阶段是河蟹体重和品质提高的关键时期，要加强动物性饵料的投喂，补充投放活螺蛳200 ~ 300千克/亩。

（4）安装防逃设施　池塘的四周用聚乙烯网片作为防逃设施。具体方法是将聚乙烯网片埋入土中20 ~ 30厘米，网片高出埂面50厘米左右，每隔50厘米左右用木桩支撑，池塘四角的防逃设施做成圆弧形，上边缘用30厘米宽的聚乙烯塑料薄膜缝合一圈。防逃设施内留出1 ~ 2米宽的池埂便于生产操作。

3. 投放苗种

（1）蟹种投放　3 ~ 4月投放规格160 ~ 200只/千克的优质蟹种（图4–23），投放量500只/亩左右。蟹种要求体质健壮，附肢完整，体表清净无附着物和铜锈，背甲呈黄绿色或淡黄色，腹部呈银白色或青白色，规格均匀。

（2）虾苗投放　5 ~ 6月投放南美白对虾虾苗，投放量

图4–23　优质蟹种

5000尾/亩左右。虾苗必须要淡化到能完全适应淡水生活。

（3）鱼种投放　适当搭配放养鲢、鳙以调控池塘水质，防止高温季节池塘出现蓝藻。一般放养规格250 ～ 500克/尾的鲢、鳙鱼种各5 ～ 10尾/亩。

4. 饲料投喂

充分利用池塘内的水草、活螺蛳等，为河蟹提供营养全面而又不会造成水质污染的饵料生物，结合人工投喂玉米、大豆、新鲜的野杂鱼等满足河蟹的生长需求。坚持按照“四定”的投饲原则，具体投饲量根据季节、天气、水质、用药及虾蟹的摄食、蜕壳情况等进行动态调整。由于南美白对虾属杂食性，其主要摄食河蟹的食物残渣、有机碎屑、小型浮游生物等，因此南美白对虾不用专门投喂饲料。

5. 水质调节

定期泼洒适量生石灰水以调节水质。养殖期间始终保持水质清新、溶解氧充足，透明度控制在30 ～ 40厘米。配备了增氧机的池塘，增氧机的开启遵循“三开两不开”原则。对于池塘底质发生恶化的池塘，经常泼洒底质改良剂和微生态制剂进行调节。

6. 日常管理

养殖过程中管理工作以河蟹为主，坚持每天早、中、晚巡塘3次，检查养殖设施是否完好，观察池塘水质的变化及河蟹、南美白对虾的摄食、活动和生长情况。

7. 病害防治

病害防治坚持“以防为主，防治结合，防重于治”的原则。每月泼洒消毒药物1次。消毒药物要求高效、低毒、低残留，常见药物有二溴海因、生石灰等。养殖池塘要具备相对独立的进排水系统，操作工具要求及时消毒，杜绝病害相互传播。定期泼洒微生态制剂改良池塘水质，防止病害的发生。

8. 捕捞上市

南美白对虾生长较快，约60天可达上市规格。在养殖后期，开始用地笼捕捉部分南美白对虾上市，减少池塘的总养殖负荷量，既增加了养殖效益，又为存塘的河蟹和南美白对虾的生长提供了生长空间。河蟹在10 ~ 11月采取地笼张捕、徒手捕捉、干塘等常规方法捕捞上市。

第六节 江西省典型模式

一、进贤：河蟹池塘高效生态养殖模式

通过严格的清塘消毒、水草复合种植、投放活螺蛳、放养优质蟹种、科学投喂、加强水质调节等技术措施，河蟹回捕率达到65%左右，亩产量65千克以上，产值8000元/亩左右，纯收入4000元/亩左右。河蟹品质达到“青背、白肚、黄毛、金爪”的要求。

二、技术要点

1. 池塘条件

（1）池塘要求　选择水源充足、水质良好、交通便捷、电力配套好、无污染的池塘。池塘面积20 ~ 30亩为宜，形状为东西方向长方形，长宽比约2∶1。

（2）池塘改造　池塘在开挖过程中，在池塘内四周挖出宽5 ~ 6米、深70 ~ 80厘米的环沟作暂养池。池塘底部总体平整，池埂面宽1.5 ~ 2米，池埂高2 ~ 2.5米，坡度比为1∶3。

（3）防逃设施　用竹桩、聚乙烯网加硬塑板等材料做成防逃设施，防逃设施要求高于池埂50 ~ 60厘米。

（4）进排水设施　进排水系统要求独立设置，进、排水口在池塘两端呈对角设置且排水口设置在池塘最深处。

2. 准备工作

（1）清塘消毒　3月初排干养殖池塘环沟中的积水，消除池底杂草，修整池塘，然后注水10厘米，再用生石灰100千克/亩进行清塘消毒，杀灭病菌、野杂鱼等有害生物。

（2）设置围网　在池塘内设置围网将环沟与水草种植区域分隔开，以免蟹种进入水草种植区域，破坏水草生长。

（3）池塘进水　清塘消毒7天后开始进水，进水口用60目筛绢制成3米长、直径50厘米双层网片进行过滤，杜绝有害生物进入水体，进水深度20 ~ 30厘米。

（4）水草种植　伊乐藻和轮叶黑藻种植时采取全池切茎分段移栽的方法：东西为行，南北为间，行间距4 ~ 5米，然后施入生物有机肥20千克/亩以及复合肥2千克/亩，用来培肥水质，培养天然饵料生物，促进水草生长。水温15℃以上时，播种苦草种子1千克/亩。整个养殖期间，水草覆盖率保持在60%左右。

（5）螺蛳投放　进水7 ~ 10天后，生石灰的毒性消除，在环沟内分批投放活螺蛳，投放量400千克/亩。一般在投放活螺蛳的第三天，水质变得清澈，透明度达到50 ~ 60厘米。

3. 蟹种放养

蟹种质量是成蟹养殖的重中之重，优质的蟹种是养殖优质大规格河蟹的关键。挑选蟹种一定要选择规格大、品种纯正的长江水系蟹种，建议放养100 ~ 160只/千克的蟹种，放养量为700只/亩左右。

4. 饲料投喂

饲料投喂要注重两个方面：一是注重基础饲料的投放；二是注重人工补充投喂。

（1）投放基础饲料　投放基础饲料，主要是种植水草和投放活螺蛳。水草茎叶中富含少量蛋白质、脂肪、维生素以及其他营养要素，因此水草是河蟹不可缺少的营养源之一。另外水草中含有一定的粗纤维，可以促进河蟹对多种食物的消化和吸收，由此可见水草的重要性。一般于清明节前后分批投放活螺蛳400千克/亩左右，此时正是螺蛳繁殖的最佳时期，仔螺蛳壳薄肉嫩，是河蟹早期最好的开口饵料生物，成年螺蛳又是河蟹中后期的活饵，同时螺蛳还有净化水质的作用。

（2）人工补充投喂　人工补充投喂是指河蟹养殖过程中的

日常投喂，应坚持“四定”“四看”“精粗结合，荤素搭配”和“前期精，中期素，后期荤”的原则，具体操作是在确保饲料新鲜、适口的前提下，以投喂配合饲料为主，后期适当增加小杂鱼等动物性饵料的比例，此时动物性饵料占比50% ~ 60%。

5. 蜕壳期管理

在河蟹开始蜕壳前，用生石灰7 ~ 8千克/亩化水泼洒，以增加水体中钙的含量和提高水体中的pH值。对水草较少的区域要及时投放水花生等水生植物，给河蟹的蜕壳提供充足的隐蔽场所，并保证河蟹有良好的生态环境。河蟹蜕壳前，投喂适口的专用配合饲料或动物性饵料，并增加投喂虾蟹蜕壳素，以保证河蟹蜕壳时有充足的营养。

6. 水质调节

（1）定期泼洒生石灰水　一般15天左右泼洒一次生石灰水（图4–24），既能够调节水质，又能够增加水体中的钙含量。

（2）适时换注新水　天气闷热时坚持天天换水，特别是发现河蟹上岸、爬网等异常现象发生时更要及时换水，每次换水量一般占池水总量的1/5左右。

图4–24　泼洒生石灰水

（3）泼洒微生态制剂　根据水质变化情况，经常泼洒光合细菌、芽孢杆菌、EM菌等能够改善水质的微生态制剂，以改良水质。注意微生态制剂的有效成分是活的有益菌，因此一定不能和生石灰、漂白粉等消毒剂同时使用。

7．水位调控

养殖前期水深为50～60厘米，养殖中期水深为120～150厘米，养殖后期水深为80～120厘米。

第五章 成蟹稻田养殖技术

第一节 技术要点

一、稻田选择

选择环境安静、水源充足、水质良好、水的盐度2以下、周边无工业污染、进排水方便和保水性强的稻田。稻田土质肥沃，以壤土为好，黏土次之。单块稻田面积以5 ~ 20亩为宜，大小以方便管理和能够满足河蟹生长要求为准。

二、稻田改造

1. 环沟

距田埂内侧60厘米处挖环沟（图5-1）。环沟上口宽100厘米，深60 ~ 80厘米。环沟面积严格控制在稻田面积的10%以下。

2. 暂养池

选择临近水源的稻田、沟渠，按养蟹面积的10% ~ 20%修建暂养池（图5-2）。暂养池设在养蟹稻田一端，或用整格的稻田。暂养池四周应设置防逃设施，进水前按200千克/亩施入发酵好的鸡粪、猪粪等农家肥，进水后耙地时翻压在底泥中。农家肥不但可以作为水稻生长的基肥，而且还可以培养枝角类、桡足类等浮游动物作为蟹种的优质饵料。耙地两天后施入生石灰50千克/亩清塘，有条件的地方最好移栽水草，水草种类有伊乐藻、轮叶黑藻、苦草、马来眼子菜、金鱼藻、浮萍等。

3. 田埂

田埂应加固夯实不漏水，要求顶宽50 ~ 60厘米，高60厘

图5-1 环沟

图5-2 暂养池

米左右，田埂内坡比为1∶1。

4. 进排水

进排水口设置在稻田的对角处，进、排水管长出埂面30厘米左右，设置60目聚乙烯网片套住管口以过滤进、排水。

5. 防逃设施

每个养殖单元在四周田埂上安装防逃设施（图5-3）。防

图5-3 防逃设施

逃设施的材料一般采用塑料薄膜，具体安装方法：将塑料薄膜埋入土中10 ～ 15厘米，剩余部分高出地面60厘米左右，其上端用铁丝或尼龙绳作内衬，将塑料薄膜裹缚其上，然后每隔50厘米左右用竹竿作桩，将尼龙绳、塑料薄膜拉紧，固定在竹竿上端，接头部位避开拐角处，拐角处做成弧形。

三、水稻种植

1. 稻种选择

选择抗倒伏、抗病、耐涝、米质优良的适合当地环境的稳产水稻品种。

2. 田面整理

养蟹稻田每年应旋耕一次，要求田块平整，一个田块内高低差不超过3厘米。插秧前，短时间泡田，并带水用农机平整稻田，防止漏水漏肥。

3. 秧苗栽插

要求在5月底前完成插秧，做到早插快发。大面积采用机械插秧，通过人工将环沟边的边行密插，利用环沟的边行优势弥补工程占地减少的穴数，保证秧苗有效栽插1.35万穴/亩左右。插秧时水层不宜过深，以2 ～ 5厘米为宜。每穴平均在3 ～ 4株，插秧深度1 ～ 2厘米，不宜过深。

4. 晒田

通常采取“多次、轻晒”的办法，将水位降至田面露出水面即可，也可带水晒田（图5–4），即田面保持2 ～ 3厘米水深进行晒田。晒田时间要短，以每次2天为宜，晒田结束后随即恢复原来的水位。

图5–4 带水晒田

5. 施肥

应用测土配方施肥技术，配制活性生态肥或常规肥，在旋耕前一次性施入90%左右，剩余部分在水稻分蘖期和孕穗期根据需要施入。每次施肥量不超过3千克/亩。

6. 水位控制

稻田水位控制遵循“春季浅，夏季满，秋季定期换”的原则。春季在秧苗移栽大田时，水位控制在15 ～ 20厘米，以后随着水温的升高和秧苗的生长，逐步提高水位至20 ～ 30厘米。夏季由于田间水温过高会不利于河蟹生长，因而将水位加至最高可管水位并经常换水。秋季一般每5 ～ 7天换水1次。为了避免影响河蟹傍晚的摄食活动，换水一般在上午进行。

7. 病虫害防治

病虫害防治参照NY/T 5117—2002《无公害食品　水稻生产技术规程》执行，不得使用有机磷、菊酯类、氰氟草酯、恶草酮等对河蟹有毒害作用的农药。必须用药时，优先选择高效、低毒、低残留的生物农药，在严格控制用药量的同时，先将稻田内水加至高水位，选择茎叶喷雾法施药，用喷雾器将药物喷洒在稻禾叶片上面，尽量减少药物淋落在稻田内的水中。用药后，如果发现河蟹有上岸、乱爬等不良反应，立即采取换水措施。稻田施药应避开河蟹蜕壳高峰期。

8. 日常管理

每天早、中、晚巡田三次，观察记录河蟹的活动情况、防逃设施和田埂及进出水口处有无损坏、饲料是否有剩余、稻田内有无敌害等。有条件的养殖户建议定期测量稻田内的水温、pH、溶解氧、氨氮、亚硝酸盐等水质理化指标，如果发现问题尽快采取针对性措施。

9. 水稻收割

收割水稻时，为防止伤害河蟹，可通过多次进、排水，使河蟹集中到环沟、暂养池中，然后再收割水稻。

四、河蟹养殖

1. 蟹种来源

蟹种应来源于苗种检疫合格、信誉好的蟹苗生产厂家。

2. 蟹种质量

选择活力强、肢体完整、规格整齐、不带病的蟹种；优先选择脱水时间短，最好是刚出池的蟹种；蟹种规格100 ~ 200只/千克为宜。

3. 蟹种运输

近距离运输，将蟹种放入浸湿的蒲包内或专用网袋内直接运输。远距离运输，一般先把蟹种在网箱内吊养1 ~ 2天，然后装入泡沫箱中加冰运输。蟹种运输时气温以5 ~ 10℃为宜，还要保持通气、潮湿的环境，一般24小时内运输成活率可达95%以上。

4. 蟹种消毒

若经长途运输回来的蟹种，应先在水中浸泡3分钟，提出水面静置10分钟，如此反复3次再进行消毒处理。消毒时一般采用20克/米^{3}高锰酸钾浸浴5 ~ 8分钟或用3% ~ 5%食盐水浸浴5 ~ 10分钟。

5. 蟹种暂养

（1）暂养池消毒　暂养池在放蟹种前7 ~ 10天加水10厘米，用生石灰75千克/亩进行消毒。

（2）暂养密度　4月20日以前，将蟹种放入暂养池暂养，暂养密度不超过3000只/亩。

（3）饲料投喂　蟹种放入暂养池后宜早投饲，饲料种类一般以粗蛋白含量在30%的全价配合饲料为主。饲料投喂坚持“四定”原则，投饲量占河蟹总重量的3% ~ 5%，根据天气、水温、水质状况、饲料品种、河蟹摄食情况调整投饲量。

（4）水质管理　一般7 ~ 10天换水1次，换水后用20克/米^{3}生石灰或用0.1克/米^{3}二溴海因消毒水体，消毒后1周用微生态制剂调节水质，预防病害。

6. 蟹种放养

在水稻秧苗缓青后，将蟹种放入养殖稻田，放养密度以500只/亩左右为宜。

7. 养殖管理

（1）水质调节　田面水深最好保持在20厘米左右，最低不低于10厘米。7 ~ 8月高温季节，水温较高，水质变化大，易发病，要经常测定水的pH、溶解氧、氨氮等理化指标，多换水，常加水，及时使用微生态制剂或生石灰调节水质。

（2）饲料投喂　饲料投喂坚持“四定”原则。养殖前期一般以投喂粗蛋白质含量在30%以上的全价配合饲料为主，搭配投喂玉米、黄豆、豆粕等植物性饲料；养殖中期以玉米、黄豆、豆粕、水草等植物性饲料为主，搭配全价颗粒饲料，适当补充动物性饵料，做到荤素搭配、青精结合；养殖后期转入育肥的快速增重期，要多投喂动物性饵料和优质颗粒饲料，动物性饵料比例至少占50%，同时搭配投喂一些高粱、玉米等谷物。投喂点设在田边浅水处，多点投喂，日投饲量占河蟹总重量的5% ~ 10%，根据天气、水温、水质状况、饲料品种、河蟹摄食情况调整投饲量。

（3）日常管理　做到勤巡田、勤观察。每天观察河蟹的活动情况，特别是高温闷热和阴雨天气，要重点关注水质变化情况、河蟹摄食情况、有无死蟹、堤坝有无漏洞、防逃设施有无破损等情况，发现异常情况，及时采取针对性措施。

8. 成蟹捕捞

北方地区养殖的成蟹在9月中旬即可陆续起捕。捕捞方法主要是在田边徒手捕捉，也可在稻田拐角处埋桶或缸捕捉。河蟹性成熟后，夜晚就会大量上岸沿防逃设施爬行（图5-5），此时即可根据市场需求适时捕捉出售，也可以集中到网箱或池塘中暂养育肥后再出售。这种收获方式一直延续到水稻收割，收割后每天捕捉田中和环沟中剩余河蟹，直至捕捞结束。

图5-5　河蟹夜晚上岸

第二节　辽宁省典型模式

一、盘山模式

“盘山模式”是一种“一地两用、一水两养、一季三收”的高效立体生态稻田种养模式。水稻种植采用大垄双行、边行加密、测土施肥、生物防虫害等技术和方法，实现了水稻种植“一行不少、一穴不缺”，使养蟹稻田光照充足、病害减少，降低了农药化肥使用量，既保证了水稻产量，又生产出优质水稻；河蟹养殖采用早暂养、早投饲、早入稻田，河蟹不仅能清除稻田杂草，预防水稻虫害，同时粪便又能提高土壤肥力。通过加大田间工程、稀放精养、测水调控、生态防病等技术措施，不仅提高了河蟹养殖规格，又保证了河蟹质量安全。稻田田埂上再种植大豆，稻、蟹、豆三位一体（图5-6），立体生态，并存共生，组成了一个多元化的复合生态系统，使土地资源得到有效利用。

图5-6　稻、蟹、豆三位一体

“盘山模式”可实现养蟹稻田水稻亩产量650千克，亩产值1950元，亩利润1100元；河蟹亩产量30千克，亩产值1800元，亩利润1050元；田埂大豆亩产量18千克，亩产值65元，亩利润50元。稻、蟹、豆综合效益合计2200元。与传统养殖模式相比，水稻亩增产8%，亩增收400元，河蟹亩增产20%，亩增收350元，田埂大豆亩增收50元，稻、蟹、豆每亩综合效益提高800元。多年来，依托稻蟹综合种养新技术“盘山模式”，盘山县的稻田生态养蟹产业规模已经超过了40万亩，盘山县一跃成为“中国河蟹产业第一县”。

二、技术要点

1. 稻田选择

选择水源充足、水质良好、排灌方便、交通便利、保水能力强的稻田。稻田面积以5 ~ 10亩为宜。

2. 田间工程

田间工程包括开挖暂养池、环沟，加固田埂和防逃设施。

（1）暂养池　暂养池主要用来暂养蟹种和收获商品蟹。有条件的可利用田头自然沟、塘代替，面积100 ~ 200米^2、水深1.5米左右。

（2）环沟　环沟一般在稻田的四周离田埂1米左右开挖，环沟上沿宽1米、底宽0.5米、深0.6米。沟、溜面积占稻田总面积的5% ~ 10%。进、排水口管道一般呈对角设置，水管内外都要用网片包好，网眼大小根据河蟹个体大小确定。沟、溜宜在插秧前开挖好，插秧后清除沟、溜内的浮泥。

（3）田埂　田埂应加固夯实，高度不低于50厘米，顶宽不应小于50厘米。

（4）防逃设施　根据当地具体情况，通常选用具有较强抗氧化能力的钙塑板或塑料薄膜，钙塑板或塑料薄膜埋入10 ~ 20厘米，比地面高50厘米左右。用固定的木桩或竹桩作为支撑材料，细铁丝紧固，不能留下缝隙，稻田拐角处做成圆弧形。

3. 种养前的准备

（1）清田消毒　田块整修结束后，用30 ～ 35千克/亩生石灰加水全田泼洒，以杀灭病菌、敌害生物并补充钙质。如为盐碱地田块，则应改用漂白粉消毒。

（2）施足基肥　水稻种植前施足基肥，结合翻耕，施入腐熟的人畜粪尿2000千克/亩左右，也可以施有机肥和生物肥，尽量少用或不用化肥。同时施用生石灰60 ～ 80千克/亩，进行土壤消毒。

（3）移栽水草　暂养池加水后，用生石灰彻底清池消毒。在插秧之前1 ～ 2个月，暂养池中先栽种水草，通常以栽种伊乐藻为佳。在环沟内栽种伊乐藻、轮叶黑藻、金鱼藻、苦草等水生植物，以伊乐藻为主，保持水草覆盖面积占环沟面积的30% ～ 50%，便于河蟹隐蔽栖息、蜕壳和摄食，为河蟹生长营造良好的生态环境。

4. 水稻种植

水稻种植采用“大垄双行（图5-7）、边行加密”技术。常规插秧30厘米为一垄，两垄60厘米。大垄双行两垄分别间隔20厘米和40厘米，两垄间隔也是60厘米，为弥补环沟占

图5-7　大垄双行

地减少的垄数和穴数，在距环沟1.2米内，40厘米中间加一行，20厘米垄边行插双穴。一般插秧约1.35万穴/亩，每穴3 ~ 5株。

5. 蟹种暂养与管理

（1）蟹种质量　选择规格整齐、肢体完整、体色有光泽、活力强的蟹种。同时，还要注意蟹种运输时间不能过长。

（2）蟹种放养　在投放蟹种之前，应用田水喷淋蟹种3 ~ 5次，使蟹种逐渐适应稻田水体温度环境，然后让其自行爬入稻田水中，切不可将蟹种直接倒入水中，导致蟹种死亡。通常放养规格为150只/千克左右的蟹种，放养密度为500 ~ 600只/亩。蟹种一般先在稻田的暂养池内暂养，暂养池蟹种密度不超过3000只/亩。

（3）暂养管理　暂养池应早投饲，投饲量为蟹种体重的3% ~ 5%，根据水温和摄食量及时调整。每7 ~ 10天换水一次，换水后用生石灰或漂白粉对水体进行消毒，也可以用微生态制剂调节水质，预防病害。待秧苗栽插成活后再加深水位，让蟹种进入稻田生长。

6. 水稻栽培管理

（1）水位管理　养殖河蟹的稻田，田面需要经常保持5 ~ 10厘米深的水，不任意改变水位或脱水烤田。

（2）病害防治　养殖河蟹的稻田水稻病害较少，一般不需用药。如确需施用，须选用高效低毒的农药，准确掌握水稻病虫害发生时间和规律，对症下药。用药方法要采用喷施，尽量减少农药散落于地表水面。施药前应降低水位，使河蟹进入环沟内，施药后及时换水，以降低田间水体农药的浓度。农药最好分批隔日喷施，以减少其对河蟹的危害。

7. 河蟹养殖管理

（1）科学投饲　河蟹常用的饲料包括小麦、米糠、玉米、豆粕等植物性饲料，小杂鱼、蚯蚓、鱼粉、蚕蛹、动物内脏等动物性饵料，以及专用配合饲料。投喂时按照定时、定位、定量、定质的“四定”投饲原则，坚持荤素搭配的方法，科学投喂饲料。每天投喂2次，早上8：00 ~ 9：00投喂量占30%左右，傍晚17：00 ~ 18：00投喂量占70%左右。饲料投喂在环沟内两侧，要做到适时、适量，注意观察天气、水温、水质状况、饲料剩余等情况灵活掌握；平时要勤检查河蟹的摄食情况，合理调整投喂量。

（2）水质调节　稻田内养殖河蟹，由于水位较浅，要保持水质清新、溶解氧充足，就要坚持勤换水。水位过浅时要适时加水，水质过浓应及时换水。傍晚是河蟹的最佳摄食时间，换水不要在晚上进行，同时要缓慢加注新水，以免影响河蟹摄食，干扰河蟹正常生活。另外，定期使用生石灰也是调节水质的有效办法，既可调节水体的pH，改良水质，又可增加水中钙的含量。6 ~ 10月，定期使用微生态制剂，改良水质和底质。在不影响水稻正常生长的情况下，尽量加深水位。

（3）日常管理　坚持每日早晚巡查，注意观察水质变化和河蟹的生长摄食情况，检查田埂和防逃设施等有无破损，防止河蟹逃跑和敌害侵害。夜间巡查时，若发现河蟹抱住水稻、水草等，侧卧于水面，则说明水体缺氧。如果发现河蟹大批上岸，说明水体已严重缺氧，应立即加注新水或者换水以改善水质。

8. 河蟹的捕捞

通常在水稻收割前1周将稻田内的河蟹捕出。盘锦地区往往在国庆节前捕捞商品蟹，在国庆节后收割水稻。河蟹的捕捞一般是采用多种捕捞方法相结合，河蟹的起捕率可达95%以上。采用方法：一是利用河蟹夜晚上田埂、趋光的习性进行捕捞；二是利用地笼网具等工具进行捕捞；三是放干环沟中的水进行捕捞，然后再冲新水，待剩下的河蟹出来时再放水。

9. 水稻的收割

收割水稻时，稻田内的河蟹可能没有完全捕捞干净，为防止伤害河蟹，可通过多次进排水使河蟹集中到环沟、暂养池中，然后再收割水稻。

第三节　吉林省典型模式

一、“分箱式+双边沟”稻蟹种养模式

吉林在水稻生产全程机械化作业基础上，根据本地区“大垄双行”插秧模式配套机械少、全人工插秧成本高、大面积推广受到制约的问题，发展了“分箱式+双边沟”稻蟹综合种养模式，其特点是水稻种植采用分箱式插秧、边行密植、测土施肥和生物防虫害等技术；河蟹养殖采取挖双边沟、早暂养、早入田、早投饲、稀放精养、测水调控和生态防病等技术措施。该模式可实现稻蟹综合效益达到1000元/亩，农药和化肥使用量减少40%以上，取得了较好的经济效益、生态效益和社会效益。

二、技术要点

1. 稻田条件

选择水源充足、水质良好、无污染、保水性强、交通便利、周边环境较为安静的稻田。

2. 田间工程

（1）筑田埂　田埂必须夯实，要求高50 ~ 70厘米，顶宽50 ~ 70厘米，底宽80 ~ 100厘米。

（2）挖双边沟　在田埂内侧挖边沟，边沟平行设置在田块两侧，沟宽80 ~ 100厘米，沟深60 ~ 80厘米。边沟面积不超过田块面积的10%，且挖边沟在泡田耙地前完成。

（3）设置防逃设施　在稻田插秧完成后，蟹种放养之前设置防逃设施。

3. 水稻栽培

（1）稻种选择　选择抗倒伏、抗病害、高冠层、中穗粒、中大穗型的适应当地自然环境条件的品种，最好是当地培育的优良品种。

（2）秧苗培育　在选好稻种的基础上，进行稻种晾晒，选

择适宜的温度浸种，注意药水的浓度和浸泡时间，清除未成熟颗粒。按照“稀播种产壮苗”原则，苗床按每亩播种2.2千克稻种培育壮苗。

（3）施肥打药　插秧前7天对苗床稻苗施磷肥100克/米^2，前3天对稻苗喷洒阿克泰防治稻象甲。稻田翻耕前施有机肥（或农家肥）1 ~ 1.5吨/亩，将有机肥和农家肥埋入土壤表层。耙地两天后用生石灰30千克/亩加水全田泼洒消毒，达到清野除害的目的。投放蟹种后原则上不再施肥，如果发现有脱肥现象，可追施少量尿素，单次用量不超过3千克/亩，确保水中氨氮不超标，保证河蟹安全生长。施肥、打药要时刻注意肥、药品种的选择和施用时间。

（4）分箱式插秧　分箱式插秧（图5-8）是每栽植数行、空1行的栽培模式。根据当前水稻机械化插秧特点，栽植12行空1行作业最方便。空行可开掘出养殖蟹沟，为河蟹栖息、蜕壳和干旱时提供庇护场所，有利于通风、透气、透光，还有利于水稻生长。分箱式插秧机械化作业不仅降低了生产成本，提

图5-8　分箱式插秧

高了生产效率，减轻了劳动强度，而且有利于规模生产，规避了当前农业劳动力严重不足耽误农时的风险。

（5）施药除草　选用高效低毒的丁草胺农药，按100 ～ 150毫升/亩拌成15 ～ 20千克药土，均匀撒施田间，进行插前封闭。放蟹种前20天和蟹种入池后，不能用农药除草，若有较大的杂草，可人工拔除。

4. 蟹种放养

（1）蟹种选择　选择规格整齐、活力强、肢体完整、无病且体色有光泽的1龄蟹种，要求规格为120 ～ 160只/千克。

（2）蟹种暂养　选择进排水方便、与养殖稻田相邻的池塘，面积5 ～ 10亩为宜，池水深0.6米以上。池内移栽水草或设置隐蔽物，也可以利用边沟作为暂养池。

（3）暂养密度　根据目标规格和产量确定暂养池的蟹种密度，一般暂养密度2000 ～ 3000只/亩。蟹种最好在暂养池中蜕壳2次。

（4）蟹种消毒　先用3% ～ 5%的食盐水浸泡蟹种5 ～ 10分钟，然后将蟹种放入暂养池中。

（5）暂养管理

① 饲料投喂　蟹种入池后投喂的饲料以动物性饵料为主。每天投喂2次，日投饲率15%左右，早晨投喂量占1/3左右，傍晚投喂量占2/3左右，根据河蟹的摄食情况适当调整投喂量。

② 换水　蟹种入池3天后根据水质情况适量换水，每次换水量为1/4 ～ 1/3。换水最好在上午10：00左右进行，杜绝带有农药残留的水进入池中。

③ 巡田　坚持每天早晚各巡田一次，主要察看蟹种活动是否正常，水质有无变化，防逃设施及进、排水口有无漏洞，尤其是刮风下雨的天气更要加强观察，发现问题及时处理。

（6）蟹种放养　放养时间一般是6月上旬，待秧苗返青后，把蟹种放入稻田，放养密度为400 ～ 500只/亩。

5. 饲料投喂

选择优质的饲料进行投喂，包括植物性饲料、动物性饵料及优质河蟹专用配合饲料。投喂方法和本章第二节相同。

6. 病害防治

（1）水稻虫害　水稻虫害防治以阿克泰药物为主，在插秧前3天，苗床用药一次防治稻象甲，插秧后25天和55天各用一次防治二化螟。水稻用药时粉剂的在露水未干时喷洒；乳剂、水剂的宜在晴天露水干后用喷雾器以雾状喷出，药物要喷洒在水稻的叶面上，尽量避免直接落入水中。天气突变、闷热天气、下雨天时不能施用农药，施药时间应在晴天下午17：00左右。用药前通过排水将河蟹集中到边沟，用药后加水恢复原水位。

（2）河蟹病害　在稻田养蟹过程中，容易出现腐壳病、肠炎病和烂鳃病等，应采取改善水质环境来预防病害的发生。预防病害主要采取以下措施：一是每隔20天左右用生石灰5 ~ 10千克/亩加水后泼洒全田，注意用生石灰时要避开蜕壳期；二是发现腐壳病、肠炎病和烂鳃病等用国标渔药进行针对性治疗；三是每15天用光合细菌、芽孢杆菌等微生态制剂泼洒全池，净化水质，减少病害的发生。

7. 河蟹捕捞

河蟹的捕捞方法和本章第二节相同。

8. 河蟹育肥

河蟹捕捞起来后，根据肥满度情况，最好进行1 ~ 2周的育肥。育肥期间保证水质清新，饲料投喂以动物性饵料为主，育肥时河蟹密度控制在0.5 ~ 1千克/米^2。

第四节　山东省典型模式

一、盐碱地稻蟹种养模式

山东盐碱土面积约47.60万公顷，占土地总面积的3.1%，主要分布在鲁西北平原低洼地带和滨海平原。土壤含盐量多在0.4%以上，最高可达1.5%，严重影响作物生长发育。山东水稻属华北单季稻作带，是重要的高产高效作物和生态作物。科学合理地发展水稻产业，对山东经济和社会发展具有重要意义。近年来，山东省积极探索盐碱地水稻河蟹试种养，经过不断的技术创新、经营方式创新以及新模式探索，成功总结出盐碱地稻蟹种养模式，产生了显著的经济效益、社会效益和生态效益。

二、技术要点

1. 稻田条件

选择交通便利、有电力保障的稻田。稻田面积以20亩左右为宜，要求水源充足，水质良好，也可以打机井抽吸地下水作为水源。加宽、加高田埂，用水泥瓦或厚度较高的塑料薄膜建造防逃设施。

2. 田面整理

水稻种植前5 ~ 10天开始整田（图5-9），整田的标准符合机械插秧或人工插秧的要求，具体要求是：上软下松，泥烂适中；高低不过寸，寸水不露泥，灌水棵棵到，排水处处干。

图5-9 整田

3. 稻种选择

选用米质优良、抗倒伏、抗病且适合当地气候特点的水稻品种。根据山东省气候特点，在条件允许的情况下将水稻插秧的时间尽量提前，以便尽早把蟹种放入稻田。

4. 以水压碱

稻田的排水措施，主要有开沟排水、井灌井排两种。

（1）开沟排水　开沟排水措施主要适用于盐碱较重、地下水位浅、排水有出路的地区。建立排水系统时，排水沟深度应在15米以上，有利于土壤脱盐和防止返盐。

（2）井灌井排　井灌井排措施适用于有丰富的低矿化地下水源地区。井灌井排是利用水泵，从机井内抽吸地下水，以地下水灌溉洗盐。同时，也可降低地下水位，使机井达到灌溉、排水的双重作用。据有关单位测定，每亩灌水40 ~ 50米^3，1米土层脱盐率达38.5%；通过一个生长周期的井灌井排，0 ~ 20厘米土层脱盐率为60% ~ 83%。采取井灌井排的措施，结合渠道排水，在雨季来临时抽咸补淡，腾出地下水占有的空间，能够增加汛期入渗率，淡化地下水，有效防止土壤内涝，加速土壤脱盐。

5. 除草技术

翻土耙地时采取水封的方法杀灭田间杂草，放养蟹种后可通过河蟹的摄食、活动等清除田间杂草，适时采取人工除草的方式。

6. 施肥技术

水稻施肥包括施基肥和追肥两种方式。有机稻田养蟹种稻应施有机肥和生物肥，提高河蟹、稻米质量，追肥应避开河蟹蜕壳期，采用少量多次追肥法。

（1）施足基肥　对于第一年养蟹的稻田，可以在插秧前的10 ~ 15天，施用农家肥200 ~ 300千克/亩，尿素10 ~ 15千克/亩，均匀撒在田面并用机器翻耕耙匀。

对于养蟹一年以上的稻田，随着稻蟹种养模式年限延续，一般逐步下调氮肥用量。稻蟹种养前5年，每年施氮量相对上一年度下降约10%，稻蟹种养5年及以上的稻田，中籼稻施氮量稳定维持在常规单作施氮量的40% ~ 50%。氮肥按4 ∶ 3 ∶ 3（即基肥40%，返青分蘖肥30%，穗肥30%）的比例运筹施用；钾肥按6 ∶ 4（即基肥60%，穗肥40%）的比例运筹施用。硅肥施用量为1千克/亩左右，锌肥施用量为0.1千克/亩左右，全部作基肥。

（2）合理追肥　为促进水稻稳定生长，在发现水稻脱肥时，还应进行追肥。追肥一般每个月一次，可根据水稻的生长期及生长情况施用人粪、畜粪堆制的有机肥，也可以施用生物复合肥。严禁施用对河蟹有害的化肥，如氨水和碳酸氢铵等。

7. 饲料投喂

根据河蟹生活习性及不同季节进行科学投饲。要注重饲料营养的全价性。总的原则是“两头精，中间青”。早期多投动物性饵料；生长的旺季，动物性、植物性食物并重；后期多投含淀粉量高的精饲料。动物性饵料主要是螺蛳、小鱼、小虾等；植物性饲料以豆饼、马铃薯、南瓜等为主。对于非配合饲料，建议煮熟后投喂，既起到一定的灭菌作用，又有利于消化和吸收。坚持每天“定质、定量、定时、定位；看季节、看水质、看天气、看摄食情况”的“四定、四看”的投饲原则。

第五节　宁夏回族自治区典型模式

一、稻蟹共作模式

针对水稻生产和河蟹养殖的特点，宁夏回族自治区以“河蟹早放精养、水稻宽窄插秧、种稻养蟹相结合、水稻河蟹双丰收”为主推技术，按照“河蟹苗种池塘精心暂养、水稻河蟹田间科学管理、成蟹集中育肥销售”三个阶段，采用“河蟹早放精养、水稻早育早插、生物除草防病、产品提质增效”等核心操作方法，建立宁夏稻田河蟹生态种养技术模式，通过龙头带动、土地流转等方式，大力示范和推广稻田河蟹生态种养。

1. 稻田选择

稻田要求交通便利、水源充足、地势平坦、保水性强，土质以黏土或黏壤土为宜。每10 ~ 50亩建成一个种养围栏单元。每个种养围栏单元中可建成多个小田块。

2. 稻田工程

每个围栏单元中，稻田四周田埂应加宽、加高，进排水口呈对角设置，用60目网片包裹；距田埂边100厘米左右处开挖环沟，环沟上宽60厘米，底宽40厘米，沟深50厘米，环沟面积不超过围栏单元面积的10%。田埂四周用60厘米高的塑料薄膜或水泥瓦作防逃设施，用竹桩和细绳或铁丝作防逃设施的支撑物。

3. 水质

水源水质应符合《渔业水质标准》的要求，养殖用水水质应符合《无公害食品　淡水养殖用水水质》的要求。

4. 水稻种植

（1）稻种选择　应选择抗倒伏、抗病力强的优质水稻品种。

（2）水稻育秧　采取旱育秧方法，秧苗生长期30天以上，移栽时秧苗达到三叶或三叶一心。

（3）平田与施肥　应做到早平地、早旋田、早泡田、多施底肥。底肥以有机肥、生物肥为主，底肥用量占稻田总施肥量的80%左右。

（4）水稻插秧　按照生产季节早插秧。应采取“双行靠、边行密”的栽培模式（图5-10），株距10厘米，“双行靠”的宽行距40厘米，窄行距20厘米，在环沟两侧80厘米之内的宽行中间加1行。每亩插秧穴数不应低于常规水稻插秧穴数。也可精量穴播。

5. 水稻管理

（1）水质管理　养蟹稻田应定期加水，保持稻田水深10 ~ 20厘米。宜根据水质状况及时换水，换水量占稻田水量的30%左右。

图5-10 “双行靠、边行密”的栽培模式

（2）水稻追肥　水稻的返青肥、分蘖肥和穗肥应以有机肥和生物肥为主，以“叶面肥”为辅。

（3）除草防病　稻田在插秧前进行除草。蟹种入池后，小型杂草由河蟹的摄食和活动清除，大型阔叶杂草需人工清除。应加强水稻田间病害监测，发现病害及时采取措施。

（4）水稻收割　当水稻籽粒含水率在19% ~ 21%时，适时进行机械收割或人工收割。

6. 河蟹养殖

（1）春季蟹种池塘暂养

① 暂养池要求　池塘应靠近养蟹稻田，要求水源充足、进排水方便、交通便利、环境安静。池塘坡比1 ：（3 ~ 4），池深100 ~ 200厘米，淤泥厚度10厘米左右。

② 池塘工程　池塘进、排水口设在池塘对角，用60目的双层网片包扎。池埂四周用塑料薄膜或水泥瓦设置防逃设施，防逃设施高50 ~ 60厘米，池角处呈圆弧形。

③ 暂养池消毒　在池塘工程完成后，放养蟹种前15天进行池塘消毒，7天后加过滤的新水60厘米左右。

④ 暂养池蟹种放养　蟹种既可以本地自育，也可以从外地购买。经过缓苗、消毒处理后放入暂养池，放养密度为50 ~ 100千克/亩。

⑤ 饲料投喂　投喂的饲料包括植物性饲料、动物性饵料和配合饲料3大类。饲料必须具备较高的稳定性，一般要求在水中2 ~ 3小时不溶散。日投喂率3% ~ 5%，分早晚2次投喂，要求傍晚投喂量占70%左右。

⑥ 水质调控　池塘水深前期应保持60厘米左右，之后随温度升高逐渐加注新水，控制池塘水深在最适深度。使用增氧设备、微生态制剂以及底质改良剂等调控水质。

⑦ 蟹种捕捞　一般采用池塘降水、蟹笼捕捞的方法进行蟹种捕捞，捕捞的蟹种最好分规格装袋运输。

（2）稻田蟹种放养

① 蟹种质量　蟹种要求体质健壮、附肢齐全、指节无损伤、无畸形、无寄生虫、无疾病，规格为80 ~ 160只/千克。避免投放性早熟蟹种。

② 蟹种放养　水稻插秧10 ~ 15天后放养蟹种，放养密度为300 ~ 400只/亩。蟹种放养前用食盐水或高锰酸钾溶液浸泡消毒，然后将蟹种放在田埂边让其自行爬入稻田。

（3）饲料投喂　投喂的饲料包括植物性饲料、动物性饵料和配合饲料3大类，其中植物性饲料以豆饼、玉米、水草等为主，动物性饵料以螺蛳、小杂鱼等为主，按照河蟹不同生长阶段的营养需求提供相对应的配合饲料。每天应按照“四定”原则进行投喂，饲料投喂可以分为以下三个阶段。

① 第一阶段　5 ~ 6月，动物性饵料和全价配合颗粒饲料占60%左右，植物性饲料占40%左右，日投饲率从5%逐渐增加至8%。

② 第二阶段　7月至8月中旬，动物性饵料和颗粒饲料占40%左右，植物性饲料占60%左右，日投饲率为10% ~ 15%。

③ 第三阶段　8月下旬至9月上旬，动物性饵料和全价颗粒饲料占80%左右，植物性饲料占20%左右，日投饲率从

10%逐渐减少至8%。

（4）养殖管理

① 水质调节　经常换水并定期使用微生态制剂、底质改良剂等调节水质。

② 日常管理　每天巡田2 ～ 3次，发现问题及时处理。定期抽样进行生长测定，做好生产日志记录。

（5）捕捞育肥

① 捕捞　9月上中旬傍晚河蟹上岸爬行时，以人工捕捉为主，蟹笼张捕、灯光诱捕为辅。

② 暂养育肥　宜采取池塘、网箱或在稻田中集中进行暂养育肥。以小杂鱼、冰鲜鱼等动物性饵料为主。9月日投饲率为5%左右，10月初至11月上旬日投饲率为3%左右。投饲率根据天气、水温及河蟹摄食等情况进行适当调整。

7. 病害防治

病害防治要贯彻“预防为主、防重于治”的原则。

（1）水稻病害　对于水稻，应选用抗病、抗逆性强的品种。防治水稻病虫害，应选用高效、低毒、低残留农药。常见病害及其药物治疗应符合《无公害食品　水稻生产技术规程》的规定。

（2）河蟹病害　在养殖过程中严格执行河蟹放养消毒，定期进行底质改良和水质调节。每天巡田，发现河蟹病害及时对症治疗。药物使用应符合《无公害食品　渔用药物使用准则》的规定。

二、稻田镶嵌流水设施生态循环综合种养模式

2018年，宁夏将“宽沟深槽”稻渔综合种养与养鱼流水槽有机结合，把养鱼流水槽建设到稻蟹种养的环沟中，创新出“分散式”和“集中式”两种“稻田镶嵌流水槽生态循环综合种养”新模式。该模式以20亩或40亩稻田为一个种养单元，在“宽沟深槽”环沟内按照每10亩配套建设一个22米 ×5米 ×2米的标准化流水槽。稻田中进行稻蟹综合种养，稻田中放

养的河蟹清除田间杂草，消灭稻田中的害虫，疏松土壤；稻田环沟中集中或分散建设标准流水养鱼槽，流水槽集约化高密度养殖鲤、鲫、草鱼等鱼类，流水槽中的肥水直接进入稻田促进水稻生长；水稻吸收氮、磷等营养元素净化水体，净化后的水体再次进入流水槽进行循环利用。该模式使流水槽和稻田形成了一个闭合的“稻-蟹-鱼”互利共生良性生态循环系统，实现了“一水两用、生态循环”，从根本上解决了养殖水体富营养化和尾水不达标外排污染等生态环境治理问题，减少了病害发生，提升了水稻和水产品的品质。

1．工程建设

（1）稻田选择　稻田条件和普通稻田养殖河蟹要求相同，“集中式”模式一般以40亩稻田为一个种养单元，“分散式”模式一般以20亩稻田为一个种养单元。

（2）田间工程　每个种养单元四周用0.6米高的塑料薄膜或水泥瓦制作防逃设施，进、排水口用60目密眼网片作防逃网。单元埂边开挖上口宽5米、底宽1米、沟深1.5米的环沟，环沟面积不超过种养单元的10%。水稻种植区四周建设小型内埂。

（3）流水槽系统　每个流水槽长22米、宽5米、高2.0米，材料为砼制或钢构组装材料，流水槽进、排水端用金属网片、聚乙烯网片等材料进行隔离。每个流水槽前端配备一个2.0 ~ 2.5千瓦推水机，底部并排安装多根微孔增氧管，前后配备1.5千瓦水车式增氧机。安装物联网智能监控系统，将推水机、增氧系统、自启式发电机和停电报警系统连接。流水槽表面覆盖尼龙网片防止鸟害。

（4）镶嵌流水槽方式

① 集中式　在种养单元某一侧拐角处将环沟拓宽加深，集中建设4条并列的流水槽（图5-11），流水槽主体构造采用钢材焊接固定，墙面和底部采用可拆卸的环保型材料进行组装。流水槽末端修建集污坑，通过吸污泵将粪污抽入稻田主干渠进入稻田。

图5-11　集中式流水槽

② 分散式　在每个种养单元对角各建设1条流水槽，流水槽底部采用石子，墙面用钢筋混凝土浇筑，墙面厚约20厘米，每个流水槽上部用四根支撑梁固定。

2. 水稻种植

水稻品种选择适合稻田种养的米质优的品种，优先采用有机水稻生产方式或绿色水稻生产方式，在生产过程中不使用任何含有化学物质的化肥、农药、植物生长调节剂等生产投入品，一般只能使用有机肥、采用人工除草、拔除病株等方式防除病虫草害。根据当地气候特点以及水稻生长需要，一般在5月初前后采用插秧机进行水稻插秧，9月下旬用收割机收割水稻。

3. 水产养殖

（1）河蟹养殖　5月上中旬向稻田中放养蟹种，蟹种规格100 ~ 160只/千克，放养密度300 ~ 500只/亩。养殖过程中全程投喂河蟹全价配合饲料，每天投喂2次，日投饲率3% ~ 5%。9月中旬前后河蟹陆续捕捞销售或暂养育肥后销售。

（2）流水槽养殖　6月初前后向流水槽中投放草鱼、鲤、鲫等鱼类，建议鱼类投放密度：草鱼规格400克/尾左右，

10000尾/槽；鲫100克/尾左右，40000尾/槽；鲤600克/尾左右，5000尾/槽。全程投喂专用膨化浮性饲料，每天投喂2 ~ 4次，日投饲率2% ~ 8%。每周补充蒸发的水量。8月流水槽中商品鱼分批上市销售。

4. 水质监测

种养期间，分别在“集中式”和“分散式”流水槽的进水口、出水口以及稻田中设置水质监测点，定期在水质监测点取水样一次，现场用仪器对水温、溶解氧、pH值、氨氮、亚硝酸盐、总磷、总氮等水质参数进行检测。

第六章 其他水体养殖河蟹

第一节 湖泊生态修复养蟹

一、军山湖模式

进贤县军山湖面积32万亩，是全国最大县域内湖。军山湖一直以来享有“中国河蟹之乡”的盛誉，湖内水碧如翠、水质优良、生物饵料丰富，是河蟹养殖的理想场所。军山湖出产的清水大闸蟹以青背白肚、金爪黄毛、个体硕大、品种纯正、味道鲜美、营养丰富而闻名，并具有“肥、大、腥、鲜、甜”等五大特征和“绿、靓、晚”三大比较优势，是大闸蟹中的上品。

进贤县在做大做强河蟹产业的同时，注重保护生态环境，在军山湖实施种草、投螺生态修复养蟹技术，并采取轮放式养蟹的技术措施，维护军山湖的生态平衡，实现河蟹养殖的可持续发展。

二、技术要点

1. 保持产地环境

进贤县采取有力措施，保护军山湖清水大闸蟹产地环境优良，明确规定沿湖300平方千米范围内不准建任何工业企业，禁止向养蟹水域内排放有害废水、废料，确保军山湖碧水长流、水质优良。

2. 推广河蟹良种

在军山湖中建立了1万亩河蟹种质资源库，从资源库挑选长江水系中华绒螯蟹性状优良的雌蟹，从安徽、江苏等水质较好的大型湖泊挑选长江水系中华绒螯蟹特征明显的雄蟹作为亲本，送到江苏沿海军山湖清水大闸蟹定点蟹苗繁殖场繁殖蟹苗，再将大眼幼体运到进贤长江水系中华绒螯蟹良种场培育成V期幼蟹和1龄蟹种后，投放于军山湖养殖，确保了军山湖清水大闸蟹的品种纯正。

3. 设置禁渔期

每年2月15日军山湖全面开始禁渔，9月25日禁渔期结束。超过7个月的禁渔期为军山湖清水大闸蟹创造了更好的成长环境的同时，也为沿湖渔民带来了更为可观的利润。

4. 实行生态养蟹

（1）不投放人工饲料　河蟹饲料全部来源于军山湖的天然水草、螺、蚬、小鱼。

（2）推广种草养蟹技术　在军山湖种植大量苦草（图6-1），移植伊乐藻，既为河蟹提供天然饲料，又有利于资源的可持续利用。水草种类以草籽易得、河蟹喜食、种植技术相对容易掌握的苦草为主，播种时间选择在清明前后，每亩播种的苦草籽数量为0.1千克。如在军山湖夏义山湖汊1.2万亩水面连续4年，每年种植苦草籽1200千克，投螺120万千克，经过四年的

图6-1　军山湖种植大量苦草

努力，水草覆盖面由30%提高到75%。

（3）投放螺蛳　按照100千克/亩的数量投放螺蛳，让其自然繁殖形成优势种群，为河蟹生长提供优质的动物性饵料来源。蛳螺要求就近取材，有利于提高成活率，形成优势种群。螺蛳建议投放在水深3.5米以下的水域，否则会严重影响投螺的效果。

（4）采取轮放式养蟹　网拦湖汊采取养蟹三年、休蟹两年的方法，确保水草的恢复，防止水体生态环境被破坏。

5. 严格限制蟹种投放密度

规定军山湖网拦湖汊养蟹放养密度不得超过200只/亩，大湖中心水面养殖放养密度不得超过80只/亩，有效避免了放养密度过高造成水草资源破坏，维护了军山湖生态平衡。

6. 实行标准化生产

（1）制订生产标准　以种草投螺生态修复养蟹技术为基础，制订了江西省地方标准DB36/T 459—2016《军山湖大闸蟹》、DB36/T 460—2016《军山湖大闸蟹养殖技术规范》、DB36/T 532—2016《地理标志产品　军山湖大闸蟹》，并由此形成了军山湖大闸蟹标准化养殖技术体系。

（2）推行标准化生产　用标准规范养殖生产行为，提高养殖户的养殖技术水平，在源头上抓好产品质量，组织湖区养殖户统一参加标准化生产培训，对养殖环境、养殖面积、苗种培育、放养数量和规格、饲养管理、起捕时间、上市规格等方面均做了明确规定，使湖区标准化养殖措施进一步落到实处。

7. 暂养育肥

建立了1000亩的军山湖大闸蟹暂养基地，将捕捞的成蟹放入暂养基地暂养，投喂军山湖产的小鱼、螺、蚬等天然饵料育肥，既实现了均衡上市，又提高了军山湖大闸蟹的品质。

8. 政府扶持、企业运作

采取“政府扶持、企业运作”的模式是军山湖大闸蟹品牌宣传得以持之以恒的基本经验。

（1）申请商标　2002年6月“军山湖”牌商标在国家工商

总局商标局注册，从此，军山湖大闸蟹有了一个合法的身份。

（2）申请质量认证和争取荣誉称号　先后通过了“绿色食品”“有机食品”“国家地理标志保护产品”认证，并荣获“中国河蟹之乡”“中国十大名蟹”“中国名牌农产品”“农产品地理标志保护产品”等荣誉称号。

（3）积极参加河蟹评比活动　多次参加全国河蟹大赛和历届鄱阳湖螃蟹节评比，多次荣获“蟹王”“蟹后”“金蟹奖”“最佳口感奖”“最佳种质奖”“优质蟹奖”等荣誉称号。

（4）举办螃蟹节　从2002年开始，连续20年举办“军山湖杯”鄱阳湖螃蟹节，举办地分别为进贤县城、南昌市、杭州市、深圳市、上海市、北京人民大会堂等。

9. 开拓销售渠道

实行“四统一”模式是军山湖大闸蟹品牌得以持续提升的有效方法。

（1）统一养殖标准　制定并实施江西省地方标准中三个军山湖大闸蟹标准。

（2）统一良种供应　建立河蟹良种场，专门为军山湖大闸蟹的养殖提供所需的河蟹良种。

（3）统一品牌宣传　接受外地大闸蟹品牌繁杂的教训，只使用“军山湖牌”一个品牌对外宣传。非军山湖大闸蟹地理标志产品保护范围内的螃蟹，不得称为军山湖大闸蟹；生产者、销售者使用“军山湖大闸蟹”的名称进行销售时，必须使用锁扣式专用标志，否则不得称为“军山湖大闸蟹”。

（4）统一销售渠道　实行“公司+基地+农户+市场”的产业化经营模式，建立了较为完整的销售网络，设立了军山湖大闸蟹进贤、南昌、杭州、上海四个总经销部。将军山湖大闸蟹全部集中到军山湖鱼蟹开发公司，再由军山湖鱼蟹开发公司供应给军山湖大闸蟹加盟商和军山湖特种水产电商基地对外销售。

第二节　湖泊围网生态养蟹

一、阳澄湖模式

阳澄湖出产的河蟹，自古以来便享有盛誉。阳澄湖蟹，历来被称为蟹中之冠。这与阳澄湖的特殊生态环境有关。阳澄湖面积约18万亩，湖面开阔，水域百里方圆，碧波荡漾，水质清澄如镜，水浅底硬，水草丰茂，延伸宽阔，气候得宜，正是河蟹定居生长最理想的水晶宫。

阳澄湖湖泊围网养蟹大约从1987年开始，当时只有近1000亩。由于从1998年开始的阳澄湖大闸蟹围网养殖丰收，湖中围网养殖面积不断扩大，到2000年养殖面积基本保持在13万亩左右，高峰时连船都开不进去。由于阳澄湖过度养殖河蟹，天然资源遭到严重破坏，导致水草稀少、水质混沌。为进一步规范管理，2002年开始，苏州市有关方面组织清拆了大量围网，缩小养殖面积，目前围网面积已经压缩至不足3万亩。通过压缩围网面积，采取种草、投螺等恢复生态的措施，阳澄湖水草覆盖率明显提高，水质得到显著改善，河蟹的质量以及规格进一步提高。

1. 养殖水域选择

选择水质清澈、缓流水、水深在1.5米左右的湖泊水域。底质最好是硬底质，湖底平坦、无深沟，淤泥在10厘米左右为好。湖泊内天然水草资源丰富、底栖生物较多。

2. 围网建设

（1）围网面积　一般在20 ~ 50亩为好，形状为正方形或长方形。

（2）围网材料准备

① 石笼网网片采用12股8 ~ 9目网片。

② 栅栏桩采用20 ~ 25厘米的毛竹，条形要直，均匀无破损。

③ 压底石笼网采用石子做成。

④ 其他辅料包括毛竹片、塑料线、绳、铁丝等。

（3）围网设置

① 一般在年底或翌年1月份，根据要求选择湖底平坦、无深沟的水域进行打桩，桩距为1米，建成围网栅栏，并进行加固，防止大风吹倒。

② 围网高度掌握在高出汛期水位80 ~ 100厘米处，不能过低，防止汛期被大水淹没。

③ 在围网上端设置反罩网（防逃网），宽50厘米，向内向下倾斜，夹角呈45°，防止河蟹外逃。设置时注意网衣与毛竹桩联结处做得稍松一点，不能过紧，否则易被大风吹拉损坏网衣。

④ 主石笼网直径在10 ~ 12厘米为好，填充石子不能太饱满，掌握在70% ~ 80%为好，便于铺设和附底；副石笼网直径在5 ~ 6厘米，铺设在主石笼网内侧的50厘米处，防止因主石笼网破损导致河蟹外逃。

⑤ 围网全部设置好后，应在围网外四边设置一圈地石笼网，通过日常检查，及时掌握是否有河蟹外逃。

3. 修复生态

（1）清除野杂鱼　由于湖泊内渔业资源丰富，各种野杂鱼较多，会与河蟹争夺食物甚至残食河蟹。为提高河蟹养殖的成活率，给河蟹的生活、生长提供一个良好的环境，蟹种放养前应彻底清除野杂鱼。

（2）种植水草　清除野杂鱼后及时种植水草，水草建议多品种搭配。水草种类以伊乐藻为主，轮叶黑藻、苦草、金鱼藻为辅。水草种植面积占养殖区的60%左右。

（3）投放螺蛳　清明节前后，投放活螺蛳200 ~ 400千克/亩。8 ~ 9月，根据螺蛳生物量，适当补充投放活螺蛳。

4. 设置蟹种暂养区（图6-2）

在围网中间围一块20%左右的面积进行蟹种暂养，既有利于早春的集中饲养管理，又有利于大面积水草的生长。暂养一般到5月中旬河蟹完成第2次蜕壳1周后，再拆除中间的围网区，让河蟹进入整个大围网区养殖。

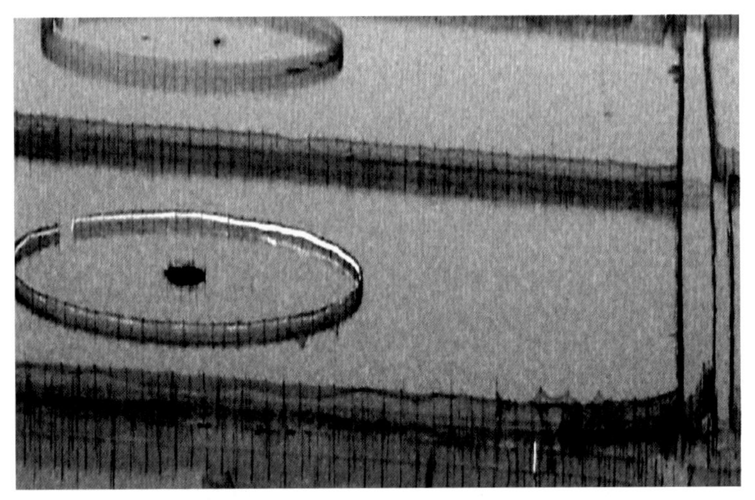

图6-2 圆形蟹种暂养区

5. 苗种放养

（1）放养时间 一般在1 ~ 3月放养蟹种，选择健康、无病害、规格60 ~ 120只/千克的长江水系蟹种。

（2）放养密度 根据养殖水域中天然饵料而定，大围网内一般蟹种放养密度为500 ~ 700只/亩。蟹种先放养在暂养区内，要求一次性放足，避免多次补苗。

（3）蟹种消毒 蟹种放养前用10 ~ 15毫克/升高锰酸钾溶液浸泡2 ~ 3次，每次1 ~ 2分钟，待蟹种吐水有红颜色为好。通过高锰酸钾浸泡，既能杀虫、杀菌，又能有效提高放养成活率。

（4）套养品种 为了提高水体利用率，围网内应适量套养鱼虾。常见套养品种有鲢、鳙、鳜、黄颡鱼、翘嘴红鲌、细鳞斜颌鲴、青虾等。

6. 饲料投喂

饲料种类包括配合饲料、新鲜的野杂鱼或冰鲜鱼以及煮熟的玉米、小麦等。饲料投喂遵循“两头精、中间粗”的原则，撒在围网的浅水区。投饲量应掌握在2小时内吃完为宜，千万不能过量投喂，否则容易败坏底质，诱发河蟹发病。

7. 水质调节

在河蟹养殖过程中保持水质清新，有漂起来的水草要及时捞起。在夏季水流速度较慢的时间段每15 ~ 20天泼洒生石灰（10 ~ 15毫克/升）、过磷酸钙（2 ~ 3毫克/升）各一次，两者施用时间注意间隔3 ~ 5天。

8. 养殖管理

（1）围网管理　每天检查围网外边四周地笼内是否有河蟹外逃。如果发现外逃，确定逃出的位置并及时采取措施。建议3天一小查，主要检查栅栏是否牢固、是否有损坏情况；7天一大查，主要检查石笼是否沉底。

（2）日常管理　每天早晚各巡视一次。一是捞出围网内杂物；二是查看水草生长、丰歉情况，制订相应措施；三是查看河蟹摄食、活动情况，确定饲料的投喂量。

9. 河蟹捕捞

通过几个月的养殖，在9月底河蟹基本上进入成熟期，可以捕捞上市。捕捞方法：一是采用在围网内下地笼，每亩配备2 ~ 3条地笼；二是在围网的防逃反罩网上进行抓捕。两种方法相结合，一般回捕率在70%左右。

二、秋水湖模式

秋水湖位于河南省商丘市民权县东北15千米处，原名林七水库，与龙泽湖以一坝相隔，净水面面积1.2万亩，平均水深1.5米，淤泥深度30 ~ 40厘米。湖内水生植物茂盛，主要品种有轮叶黑藻、金鱼草、马来眼子菜、芦苇等。底栖动物丰富，其水位相对稳定，水质清新，周边无工矿企业，远离城镇，无污染，水质达到二类饮用水标准。民权秋水湖河蟹因其个大肉实、黄满膏肥、鲜香味美、营养丰富，成为深受人们喜爱的美味食品。

1. 水域选择

网围养蟹的湖泊应水域开阔，水质良好，水流缓慢、畅通。常年水位在1 ~ 1.5米，水位落差小。湖底平坦，底质为黏土，淤泥和有机质较少。围网场地应水草丰茂、天然饵料资源丰富、敌害生物少。

2. 围网设施的建设

（1）围网形状　若进行人工投喂养蟹，养殖面积以20 ~ 100亩为宜。围网养蟹区（图6-3）的形状可以是圆形，也可以是椭圆形、长方形。一般而言，在不靠湖岸的情况下，养蟹区设计为圆形较节约材料。

（2）围网结构　围网采用双层网结构，外层为保护网，内层为养殖网，两层网间距5.0米，并在其间设置地笼，以检查逃蟹情况且具有防逃作用。内层网最上端内侧接“T”字形倒挂网片或宽为30 ~ 40厘米的厚塑料薄膜，以防河蟹逃逸。两层网的最下端均接石笼并埋入湖底，围网用竹桩在外侧固定，竹桩间距为1.5米左右，网围高度比汛期最高水位高0.8 ~ 1.0米。

（3）轮牧围网　秋水湖实施的轮牧围网养蟹两种形式，一种是年度性轮养，即每年轮休60%的水面，种植水草，放养鲢、鳙和螺蛳，保护水质，维护生物多样性，翌年再养殖；另一种为季节性轮养，蟹种先圈在一个直径为20 ~ 30米的围网

图6-3　围网养蟹区

内集中培育，在年初对围网内全面移栽水草和螺蛳，随着河蟹和水草的同步生长，分阶段进行河蟹养殖，保证了围网区草型环境净化水质的功能和河蟹生长的需要。

（4）设置暂养区　蟹种投放前，在大水面围网深水区，用网目1厘米左右的单层聚乙烯网围拦出一片暂养区，面积占养殖面积的1/100（暂养区内应移植一定量的水草，可采取轮牧的方式一年换一个地方），暂养蟹种至5月下旬（暂养结束后即撤除围网），以便6月份以前让暂养区外的水草快速生长，形成优势种群。

3. 水草种植

秋水湖的天然水草主要有苦草、伊乐藻、轮叶黑藻、金鱼藻、马来眼子菜等。为保护湖泊的水草资源，必须保护好围网外的水草，同时应在网围内种植水草，以使水草得以合理开发利用。伊乐藻一般在12月至翌年4月栽种，轮叶黑藻一般在3月底至4月上旬移栽，苦草于3月底至4月初播种，马来眼子菜一般在4月上旬前移栽。水草种植应选择在枯水期进行，种植区域水深宜在0.5米以下。可酌情施复合肥1～2千克/亩，以促进水草的快速生长。待水草长至30厘米以上时，撤去分隔网片，使河蟹进入水草种植区。

4. 投放螺蛳

每年3～4月向围网内投放螺蛳为河蟹提供天然动物性饵料，投放量为50～150千克/亩，在清明节和8月各投放1次，螺蛳投放前宜用4%～5%的食盐水浸泡消毒3～5分钟。

5. 苗种放养

放养蟹种前，应使用网具清除野杂鱼。放养时应选择体质健壮、附肢完整、无损伤、无附着物、规格一致、活动敏捷的长江水系蟹种。蟹种放养一般在春节后完成，若蟹种规格小、网目偏大，应将蟹种在小范围的围栏等处暂养一段时间后，再放入围网区内。一般采用低密度、大规格、稀放的模式，投放规格100～200只/千克的蟹种80～120只/亩。网围养蟹一般都采用鱼、蟹混养的模式，但应减少草食性鱼类，增放一部分鲢、鳙等鱼类，以避免鱼、蟹竞争食饵。一般情况下，每亩投放规格4 ~ 10尾/千克的鲢25尾、鳙5尾；规格2厘米/尾的青虾苗0.5千克；规格8厘米/尾的鳜10尾。

6. 饲料投喂

（1）饲料种类

① 植物性饲料　主要有浮萍、水花生、苦菜、轮叶黑藻、马来眼子菜等天然水草和南瓜、西瓜皮、大豆、小麦、玉米、豆饼、山芋、蚕豆等饲料。麦类应浸泡吸水胀足，玉米和蚕豆需略破碎，山芋、土豆、南瓜、西瓜皮应切成丝后再投喂。

② 动物性饵料　主要有小鱼、小虾、蚕蛹、螺蛳、猪血以及畜禽内脏的下脚料等，应剁碎或压碎并用3% ~ 5%食盐水消毒后投喂。

③ 配合饲料　为了获得更好的生长效果并降低病害的发生，建议使用优质配合饲料，以满足河蟹不同生长阶段对营养的需求，但粒径应稍大些，以减少围网中的小杂鱼对饲料的抢食。

（2）投饲原则　河蟹摄食强度与季节、水温及河蟹所处的生长阶段有关。一般上半年投喂量为全年总投喂量的35% ~ 40%，7 ~ 11月投喂量为全年总投喂量的60% ~ 65%。日投饲量根据河蟹的体重决定，前期投喂量为河蟹总体重的10% ~ 15%，后期投喂量为河蟹总体重的3% ~ 8%。投饲量需要根据天气、水温、水质状况及河蟹吃食情况等灵活掌握，合理调整。同时，围网中水草的数量是否保持稳定，也是判断饲料投喂量是否充足的一个重要指标。

（3）投饲方法　河蟹的投喂次数一般为每天早晚各1次，投喂量分别占全天投喂量的1/3和2/3左右。养殖前期投喂含36% ~ 40%蛋白质的幼蟹饲料，以加快恢复蟹种的体力。中期以含30% ~ 34%蛋白质的饲料为主，后期投喂含40%蛋白质的饲料。上午向深水区投喂，傍晚在近岸缓坡浅水处投饲，投饲点应尽量分布均匀。

7. 养殖管理

（1）防逃管理　蟹种刚进围网区时由于不适应环境，活动比较频繁，容易逃跑，因此，要坚持每天巡查。养殖后期，由于生殖洄游作用，成熟的河蟹会拼命外逃，此时要注意河蟹可能从网的上部翻爬逃逸。平时主要防止河蟹在网破处或底部逃跑，发现网破而逃蟹等情况应立即采取修补、加固措施。在暴风雨季节应防止狂风吹倒围栏设施而逃蟹，对于可能发生河蟹逃逸的地方要及时维修。

（2）蜕壳期管理　为了保证河蟹顺利蜕壳并保护蜕壳后的软壳蟹，应禁止打捞围网区内的水草，并防止水鸟进入围网区内，同时还要保持环境安静。在蜕壳高峰期，加工机械、船上的机械尽量不要启动，巡视时船与篙尽可能避免发出撞击声，以免惊扰河蟹而影响其蜕壳。此外，还要适量投喂优质配合饲料以增强河蟹的食欲，增加能量积累，使其集中蜕壳并促进其生长，避免软壳蟹遭到硬壳蟹残食。6 ~ 9月高温、多雨季节，每15天左右用生石灰8 ~ 10千克/亩撒1次，或每月用补钙产品1次，以利于河蟹生长、蜕壳。当水草覆盖率低于30%时，应及时补种水草，也可投放少量水花生，为河蟹蜕壳提供隐蔽物。

（3）水质管理　经常捞取残饵、漂浮水草、烂草和排泄物，以防其腐败、恶化水质。不断清除围网内的杂草、杂物，以免影响水体交换。在水草丰茂的围养区内，每隔20 ~ 30米开一道2 ~ 5米宽的无草通道，促使水体流通，增加溶解氧含量。根据水质、底质、天气等实际情况，每10 ~ 15天调水、改底一次，确保河蟹生长环境良好。

8. 水产品捕捞

一般在3 ~ 6月用虾笼捕捞青虾；9 ~ 10月捕捞河蟹；冬季捕捞鲢、鳙和其它野杂鱼。根据捕捞对象选择捕捞的各种网具和捕捞方法。一般河蟹捕捞采用地笼、迷魂阵加丝网的捕捞方法。

9. 育肥上市

根据历年来水产品交易规律，在中秋和国庆双节成蟹价格较高。在上市前1个月投喂饲料育肥，上市前1周集中捕捞。

第三节 天然河沟生态养蟹

一、当涂模式

当涂县位于安徽省东南部，是一个典型的江南鱼米之乡，境内河网交错、池塘密布，拥有47万亩可养水面，是全国闻名的河蟹养殖大县，也是中华三大名蟹之一的“当涂花津蟹”原产地。

近年来，当涂县依托资源、区位和技术等优势，推广“当涂模式”，大力发展天然河沟生态养蟹，形成良好的水、草、螺、鱼、蟹共生的生态环境，河沟水草覆盖率达到50% ~ 70%，养殖水体的水质达到国家地表水二类标准，河蟹规格和品质大幅上升。当涂模式实施“以鱼净水、以蟹保水”战略，真正实现了资源节约、环境友好、可持续发展。

二、技术要点

1. 河沟选择

养蟹河沟宜选择常年水源充足，水质良好，无污染的天然水面；水体浅滩多，河道比较宽阔，水体中平均水深小于1.5米的浅滩面积占总水面的40%以上；入河涵闸较少，适宜安装防逃设施。

2. 河沟清理

能够抽干水的河沟，在冬季抽干水后曝晒1个月以上，并尽可能地清除河沟中的敌害生物。不能抽干水的河沟在冬季尽量清除敌害生物，特别是乌鳢、鳡、鲇、鲤、青鱼等。

3. 拦网设置

在河道进、出水口设拦网防逃，通常拦蟹网下部即为地笼网。平时将地笼网口扎紧，防止蟹种进入。后期打开地笼网扎口，以捕获成蟹。再选择水草多、敌害生物少、河水较浅、浅水区面积大的一段河沟作为蟹种暂养区，暂养区面积为河沟水面的30%左右。

4. 水草种植

2 ~ 3月在水深小于1.5米的浅水区分块栽种伊乐藻，栽种面积约占浅水区面积的1/5；4 ~ 5月分期播种苦草籽，苦草栽种面积约占浅水区面积的1/4；5 ~ 6月移栽金鱼藻和轮叶黑藻，栽种面积约占浅水区面积的1/2。通过水草复合种植使水体中形成3种以上水草种群，水草覆盖率在中后期达到50% ~ 60%。水草种植初期一般采用网片进行围种，以防在水草没有完全着泥生根时被河蟹破坏。伊乐藻和金鱼藻种植一般采用固着种植法，即用底泥将水草一小部分草体固着在水体底部，以防止被风浪带走，尽快促进其着泥生根生长。在整个养殖过程中，水草生长过密，要及时稀疏；水草过稀，要及时补栽。

5. 螺蛳投放

清明前后，以小于1.5米浅水区有效水面计算，每亩投放活螺蛳200 ~ 300千克，均匀撒在浅水区。

6. 蟹种放养

（1）蟹种质量　选择背甲淡绿色或黄绿色、腹部银白色、四肢齐全、指节无损伤、体质健壮、爬行敏捷、甲壳光滑、无附着物的正宗长江水系河蟹1龄蟹种。蟹种规格通常为120 ~ 160只/千克。

（2）放养方法　一般在1 ~ 3月放养。蟹种放养前用1% ~ 3%的食盐水进行消毒，消毒后让其自然爬入水中。蟹种前期用网片分隔围养在暂养区，便于前期集中精喂，避免其过早进入水草种植区，影响水草生长。5月中旬水草生长情况较好，此时可撤掉围网让蟹种进入水草种植区。

（3）放养数量　一般蟹种放养量为350 ~ 650只/亩。

7. 混养品种

每亩混养规格5 ~ 20尾/千克的鲢鳙鱼种（3：1）40 ~ 50尾；规格4 ~ 5厘米/尾的鳜15 ~ 20尾；规格10 ~ 20厘米/尾的细鳞斜颌鲴50 ~ 100尾。

8. 饲料投喂

采用“前后精、中间青”“荤素搭配、精青结合”的投喂原则。坚持定质、定量、定时、定点投喂，投饲应投于无草浅水处。根据季节、天气、水质变化及河蟹吃食情况，适时适量调整。以天然饵料为主进行人工补充投饲的河沟，每日投喂一次，一般傍晚时投喂。以人工投饵为主的河沟，日投饲2次，一般上午和傍晚各投喂1次，其中傍晚投喂量占70%左右。

9. 养殖管理

（1）日常管理　每天早晚各巡塘一次，检查河蟹的活动、蜕壳、摄食、死亡情况，检查防逃设施有无破损，发现并及时杀灭敌害生物。每天做好生产日志的记录。

（2）病害防治　以生态预防为主，重点是养护好生态环境。动植物性饵料要新鲜，植物性饲料除南瓜外应熟化。发生病害时，应及时对症治疗。

10. 捕捞与暂养

河蟹的捕捞一般自9月下旬开始，10月底结束。在河沟中设置地笼、蟹簖、刺网、张网进行捕捞（图6-4），捕获的河蟹应分雌雄和规格出售，也可在生态环境良好的河沟水体中设置网箱暂养。网箱要定期检查，并视天气及河蟹摄食情况，适量投喂饲料，精心管理，适时销售。

图6-4　地笼捕捞河蟹

第七章 河蟹的暂养与运输

第一节 河蟹的暂养

一、什么是暂养

暂养也称囤养，是将从养殖水体捕起的商品蟹转入人工控制条件下的小面积场地，经过短期饲养后再作为商品蟹出售的一种养殖形式。商品蟹暂养有时间短、收益大的特点。

二、暂养的作用

一般养殖河蟹的捕捞开始时间是9月中下旬，这时河蟹正值生殖蜕壳尾期，所捕的河蟹中一部分已完成了生殖蜕壳，一部分正准备完成生殖蜕壳，另一部分刚完成蜕壳尚处于软壳阶段。从整体上看，这时捕起的河蟹肌肉不充实，蟹黄不饱满，水分较多，商品价值低。在经过短期暂养之后，河蟹体内性腺发育成熟，肌肉饱满充实，膏肥黄多，水分减少，商品价值大大提高，经济效益十分显著。

三、常见的暂养方式

目前，各地的暂养方式较多，但暂养的方法大同小异。常见的暂养方法有天然水体蟹箱暂养、网箱暂养、水泥池控温暂养、土池暂养等形式。

1. 蟹箱暂养

暂养箱为竹木结构（或塑料网板、钢筋结构），长2.5米，宽2.0米，高1.2米。内衬塑料窗纱。箱盖一侧留一宽0.5米的活门，用于投饲和取蟹。网箱制成后，用毛竹、木桩做成箱架，用绳子和滑轮调节蟹箱水深。如气温在10℃以上，箱体可露出水面0.2米左右；如气温在5℃以下，则需将蟹箱沉入水面下0.3 ~ 1.0米，以防霜冻。

2. 网箱暂养（图7-1）

网箱规格常见有长3.5米、宽1.5米、高1.5米或长2.5米、宽1.5米、高1.5米两种。生产中大多采用硬塑网箱。硬塑网箱暂养有3个优点：一是河蟹咬不断网片而不能逃逸；二是可以将网箱安置在湖泊或大池塘内水质条件好的地方，保证暂养期间有良好的水域环境；三是出售方便。

3. 水泥池控温暂养

建造进排水方便的水泥池，上附薄膜和遮阳布。将河蟹放入池中，通过薄膜保温、遮阳布保持黑暗环境，防止河蟹见光引起骚动。通过空调设施保持暂养环境的温度适宜且恒定，提高成活率，保重效果很好。

4. 土池暂养

暂养池塘通常面积3 ~ 5亩，池深1.5米左右，长方形，东西向为好。池底坡度1∶3，防逃设施建设同成蟹养殖池。

图7-1 网箱暂养河蟹

暂养前做好清淤、消毒、栽种水草等准备工作。

5. 暂养管理

（1）暂养河蟹的挑选　暂养河蟹必须严格挑选，选择体质健壮、行动敏捷、两螯及八足齐全、无伤无病的商品蟹，体重一般要求在100克以上，分大、中、小规格暂养。一般不暂养伤残蟹、软壳蟹、过熟蟹，特别是步足爪尖破损的河蟹，暂养时极易感染细菌性疾病，必须事先剔除。

（2）暂养的密度　网箱、蟹箱、水泥池，通常每立方米水体可放商品蟹15 ~ 25千克；如果暂养时间较长，则每立方米水体放养5 ~ 10千克；生态条件较好的土池，按250 ~ 500千克/亩投放暂养蟹。

（3）管理工作

① 水质管理

a.网箱。保证微流水和网箱通透性，以确保网箱内外适宜的水体交换，保证箱体水质良好。每3 ~ 4天检查、洗刷网箱或箱壁。每天定时开动增氧设备，搅水增氧。

b.水泥池。通过换水、增氧等措施保持良好的水质。

c.土池。由于河蟹暂养池密度大，投饲量多，水质容易恶化，因此要特别注意水质变化。水温高时，一般每隔1 ~ 2天就应换水，如能采取微流水暂养则更为理想。要求每隔10 ~ 15天换水一次，水温较高时3 ~ 7天换水一次。如水体交换不良，尤其发现大批河蟹食欲不振，上岸不下水时，应及时采取增氧、解毒、抗应激的措施，加强水质监控。

② 饲料投喂

a.网箱、水泥池。当水温10℃以上时，投饲量为体重的5% ~ 7%；水温5 ~ 10℃时，投饲量为体重的3% ~ 5%。饲料必须多样化，如煮熟的黄豆、玉米、小麦，绞碎的螺、蚌、鱼、虾等。同时，还应投一些青饲料，如苦草、伊乐藻和菜叶等。

b.土池。根据水质、河蟹摄食情况，“定时、定点、定质、定量”投喂。选择蛋白质、脂肪含量较高的螺蚌、野杂鱼等或人工配合饲料，满足性腺快速发展的需要。

③ 日常管理　做到“四防”“四勤”。“四防”即防偷、防风、防逃、防敌害。“四勤”即勤检查河蟹的活动情况，发现死蟹要及时捞出；勤打扫食台上的残饵；勤检查防逃设施、进出水口有无逃蟹现象，发现问题及时修补；勤记录，随时掌握暂养情况。

四、河蟹反季节控温保质暂养技术

每年2 ~ 6月河蟹会出现一段市场断档期，不能满足消费需求，尤其是在春节后市场供应量极少，价格甚至能翻三四倍，巨大的利润空间是进行反季节河蟹暂养技术研究的重要动力。河蟹的普通暂养技术长时间就会成活率低、抗风险能力弱，而反季节河蟹控温暂养技术能提高成活率，受外界环境变化影响小，并能选择适宜的时机进行销售，达到增产增收的目的。

1. 暂养基地的选择

基地应选择在水源充足的地区，最好是靠近江、河、湖泊等，方便取水，水质有保障。另外，还应选择河蟹养殖生产集中区，交通运输方便，避免河蟹长途运输的损伤。基地要求水电路基础设施完善。

2. 基础设施建设

暂养池为土池结构，长约100米，宽约6米，深1.5米左右，面积约600平方米。在暂养池上搭建控温大棚用于保温、控温以及调节光线。在暂养池中搭建暂养网箱（图7–2），每个棚放置200个网箱，每个网箱投放25千克河蟹为宜。

3. 控温设备安装

该技术最核心的设备是地温控制仪，它能有效地监视及控制水温以及换气增氧，使用时只需根据水质、水温情况开启地温控制仪即可。

4. 暂养蟹的选择

一定要选择体格健壮、四肢健全、无病无伤，尚未达性成熟的河蟹作为暂养蟹，并且要雌雄分开进行暂养，否则会影响暂养蟹的成活率。达性成熟的河蟹一旦交配即死亡，雌雄分开可有效地避免交配，延长河蟹的暂养时间。

图7-2 暂养网箱

5. 日常管理

（1）饲料投喂 为保证河蟹的品质，既要保证河蟹的正常营养需求，又要控制河蟹的性成熟时间，因此，投喂饲料的品种和数量要严格把关。投喂一般以玉米、蚕豆为主，每天投喂一次。

（2）水质管理 由于暂养池河蟹密度高，很容易造成缺氧、氨氮超标等情况，要定期检测暂养池水质指标，及时采取更换新水、开启增氧设备等措施。

（3）大棚通风 由于高密度的河蟹暂养过程中的残饵以及粪便分解时很容易产生氨气、硫化氢等有毒气体，会造成河蟹发生腐壳烂肢病，因此，大棚要适时通风。

（4）温度控制 温度越高，河蟹性成熟速度越快。要想延迟河蟹的性成熟时间，必须要控制好温度，因此，必须根据气温的变化情况适时地调整地温控制仪以延迟河蟹的性成熟时间，从而延长河蟹的暂养期。

6. 运输上市

河蟹暂养的成败不单要暂养成功，还要通过成功运输上市才能有效地保障经济效益。运输过程一定要注意以下两点。

（1）注意温差　运输之前要根据外界环境的温度调整暂养池的温度，避免暂养池的温度和外界环境的差别过大，导致河蟹在运输上市过程中死亡。

（2）注意氧气浓度的变化　由于控温池长期增氧的原因，因此控温池氧气浓度高于外界环境的，从高浓度到低浓度，暂养蟹很容易出现“高原反应”，所以运输过程中一定要进行适当的增氧处理。

第二节　河蟹的运输

河蟹的商品特征要求鲜活上市，质量要求很高，因此河蟹的运输至关重要。

一、严格挑选

河蟹运输前要求做到“四分开”。

1. 规格要分开

要把不同规格的河蟹分开存放，不能混放。如果大小混放，小规格河蟹极易死亡。

2. 强弱要分开

蟹壳、蟹腿粗硬的蟹要与壳、腿不太硬的分开。壳、腿粗硬的河蟹往往膘肥体壮，生命力强，适于长途运输，销售价格高；壳、腿不太硬的河蟹相反，最好经暂养强化培育后，再行运输。

3. 健残要分开

八足二螯齐全的河蟹与附肢残缺的河蟹要分开，有残缺和破损的河蟹只适于当地销售或短途运输。

4. 肥瘦要分开

壳厚肉壮、分量重的河蟹，其生命力强，耐运输。分等级后，健壮肥大的河蟹，可以出口或长途运输，等级稍差一些的仅能短途运输或就近销售。

二、搞好包装

暂养的河蟹待其鳃部排清、肠道排空后，就可装运。包装容器的选择是否适当，对河蟹的运输成活率影响很大。短途运输包装可以简单一些，长途运输包装一定要完好。短途运输多采用筐笼包装方法：在筐内先垫蒲包，再把河蟹放入筐内，要求把河蟹放平装满。扎紧使之不能爬动，以免损伤和断足。长途运输的包装方法：先用聚乙烯网袋将分级好的河蟹装入（图7-3），蟹腹部朝下整齐排列。放好打上标签后将袋口扎紧，防止河蟹在袋内爬动，然后装入泡沫箱。气温高时要在泡沫箱中放入冰块降温、保温。包装材料应卫生、洁净。

图7-3　河蟹分级

三、做好标记

运输前应做好标记，避免河蟹运输、销售时造成混乱。标记内容包括产品名称、等级、规格、雌雄、净含量、生产者名称和地址、包装日期、批号和产品标准号等。

四、运输管理

1. 运输工具

运输工具最好是能控制温度的厢式货车，使运输气温保持在5 ~ 10℃。运输工具在装货前应清洗、消毒，做到洁净、无毒、无异味。

2. 保持潮湿

由于河蟹是靠鳃来呼吸水中氧气的，所以运输中必须保持河蟹身体湿润。开始运输前可以将河蟹与筐一同浸入干净新鲜的淡水中数分钟并用水泼洒装运工具，使网袋内河蟹处于潮湿环境。

3. 确保透气

使用泡沫箱运输河蟹时，泡沫箱四周要戳几个洞，保证充足的空气流通，避免河蟹缺氧死亡。一般在气温20℃左右时，河蟹能维持1周不死或很少死亡。运输过程中风不应直接吹到筐中的河蟹。

4. 避免挤压

装运时应注意轻拿轻放，禁止抛掷与挤压，避免剧烈振动，以免造成河蟹死亡。

5. 禁止集中入水

无论是长途运输还是短途运输，商品蟹运到销售地区后，要立即打开包装袋出售。如确实无法及时销售，应将河蟹散放于水泥池或大桶内，最好淋水保持蟹体潮湿。切忌将大批河蟹集中静养于有水的容器中，防止因密度过高而水中缺氧导致河蟹大批窒息死亡。

第八章

河蟹疾病的防治

第一节　河蟹疾病的特点

在湖泊、河沟等较大水体中生活的河蟹很少患病，这可能是湖泊、河沟等较大水体的自然环境适合其生长需要而削弱病原体滋生的机会。然而，随着多年来池塘、稻田等小水体人工养蟹的发展，不但发现有较多的病害，并且往往给生产带来较大损失。其中有代表性的是河蟹颤抖病，很多年份全国损失超过10亿元。因此，对河蟹的病害应高度重视。

河蟹是生活在水中的甲壳动物，其病害特点与鱼类病害有相似之处，但有更多不同的地方。

一、与鱼类病害不同的特点

1. 发病更不容易被发现

（1）鱼类　鱼类生活在水层中，以游泳作为其运动方式，一旦发病，可从不正常的游动或离群独游、呼吸困难引起浮头等现象中发现。

（2）河蟹　河蟹生活在水底，以爬行作为其运动方式，患病后在水底的反常行为不易被人们观察到，只有爬到岸边或岸上的患病个体才能被人们发现，而这时的蟹病已较为严重，且全池群体发病的可能性非常大。

2. 蜕壳是其生命中的脆弱环节

河蟹需经过蜕壳才能生长也是与鱼类不同的地方，蜕壳时对环境要求较为严格，此时往往因蜕壳不顺利而导致死亡。刚蜕壳的河蟹活动能力较差，容易受到敌害的袭击或病原体的感染。

3. 对生活环境要求较鱼类严格

河蟹有隐蔽蜕壳的习性，往往要求养殖环境中有其隐蔽的场所。河蟹对水质的要求也比鱼类高得多。否则，会因不能隐蔽蜕壳而遭敌害侵袭或自相残杀，也会因环境不能满足需要而降低自身的抗病能力。

4. 突发性强，防治难度比鱼类大

如近年来的河蟹颤抖病，往往在很短的时间内导致大面积死蟹，给防治带来相当大的难度。

5. 发病的频率越来越高，发病的区域越来越广

目前，我国从南到北都有蟹病发生，并且既有常见的病害，也有新发现的疾病；从种苗到成体养殖过程中的病害越来越多；一些病害一旦发生，基本无法控制和治疗。

二、与鱼类病害相同的特点

1. 鳃易受损害

河蟹和鱼类一样均用鳃呼吸，在水中进行气体交换。鳃在接触水的过程中，容易被水体中的病原体感染，也易被水中有害的有机质和无机物损害。

2. 对水质要求较高

河蟹和鱼类均需要有良好的水环境，要求有较高的溶解氧。否则，会发生对病害抵抗力下降、免疫力减弱等现象，导致出现多种疾病。

3. 疾病治疗难度大

作为水生动物的河蟹与鱼类一样，一旦发病，除及时和正确地诊断比较困难外，还存在着治疗难度大的问题。目前的治疗办法基本上都是进行群体治疗。当病情严重时，机体已失去食欲，即使有特效药物，也由于不能主动摄入而达不到治疗的效果；即使是个别能吃食的病蟹，也会因抢食能力差，吃不到足够的药量而达不到效果。

因此，做好河蟹病害的预防工作是提高养蟹经济效益的重要环节，一定要坚持“以防为主、防重于治、积极治疗”的

十二字原则。

第二节　河蟹疾病发生的原因

人工高密度精养河蟹条件下，具有其特殊的应变性和较差的缓冲性，如果人工生态环境不符合河蟹的生存要求，河蟹病害发生的可能性就会大大增加。

一、生态环境条件的影响

在自然条件下，由于河蟹种群密度较低，其本身抗病力强，一般患病较少，即使患病也不可能大量传染。而在人工养殖环境中，河蟹种群密度较大，需要大量投喂，残饵和排泄物大量沉积，腐败后会使池水变质发臭，从而导致病原体大量滋生、蔓延，导致传染性疾病暴发。

水温、溶解氧、pH等环境因子的急剧变化，也会导致河蟹发生应激反应，造成其生理功能失调而生病。如果养殖池塘的水位或水草覆盖率等不当，会造成水温、pH过高或过低，重则危及河蟹的生存，轻则会影响河蟹的食欲，导致体质变差、抗病力降低等。

二、病原体的侵袭

病原体的存在，会引起河蟹的新陈代谢失调，发生病理变化，扰乱河蟹的生命活动，引发疾病。造成病原体侵入的原因有多方面，主要表现在以下几个方面。

1. 消毒不彻底

蟹池消毒不彻底，病菌和寄生虫未被完全杀灭，河蟹感染了病原体而导致发病。

2. 带入病原体

蟹种引入时，未进行检疫和消毒，带进了病原体，导致河蟹发病；或蟹种起捕、暂养、运输过程中操作不当，导致蟹体受伤，易遭病菌侵入。

3. 蟹体受伤

放养密度过大或放养规格大小不整齐，河蟹缺乏足够的活动范围，加剧了河蟹的相互争斗，导致蟹体受伤，病菌侵入而发病。

4. 水源污染

更换池水时，不慎引入含有大量病原体或有毒有害物质的污染水源。

5. 饲料变质

动物性饵料使用前未进行消毒处理，或颗粒饲料放置时间过长而变质，导致病菌带入而发病。

三、饲养管理不善

1. 过量投喂

饲料投喂不科学，随意性大，产生大量残饵，导致水质恶化，引起氨氮、亚硝酸盐中毒。

2. 饲料质量差

投喂不清洁饲料或饲料营养不全，造成河蟹病菌感染、营养不良或营养障碍而发病。

3. 应激反应

换水、用药、增氧等日常管理不规范，大排大灌、盲目用药、不能及时科学增氧等原因造成水体环境变化过大，引起河蟹应激反应，抵抗力下降。

4. 蟹种质量问题

不同水系的蟹种，在养殖实践中表现出的抗逆能力是有差别的，长江水系的河蟹被认为生长性能最佳；而同一水系的河蟹，如果不注重选育，长期近亲繁殖，也会导致种质退化，子代生长速度、抗病力等生长性状下降。

综上所述，河蟹致病的原因是多方面的，只有把河蟹的生活环境、致病菌的情况及河蟹种质等因素综合起来进行分析，有的放矢地采取措施，才能有效地控制疾病的发生，或正确地诊断病症，对症下药，获得理想的治疗效果，最终取得满意的养殖效果。

第三节　河蟹疾病的预防措施

做好蟹病的预防工作，是提高河蟹养殖成功的重要措施之一。河蟹生活在水中，与陆地动物相比，一旦生病，及时和正确地诊断比较困难，给药困难，治疗效果差。一般来讲，体表的一些寄生虫和细菌引起疾病治疗效果较好。而肠道、肌肉内疾病治疗效果较差。

体表的寄生虫和细菌相对比较好治疗，但大部分病虫害在河蟹体内，需用内服药治疗，但这些内服药只能由河蟹主动吃入才有效。而当病情较为严重，河蟹已失去食欲时，即使有特效药物，也不能达到治疗效果；尚能吃食的病蟹，由于抢食能力差，往往由于没有吃到足够的药而影响疗效。因此，当发现病害再进行治疗，实际上是"临时抱佛脚"，只能对那些不生病的河蟹进行预防，而那些已经患病的河蟹，因不能摄食药饵而死亡。多年来的生产实践证明，只有贯彻"预防为主，生态防控"的方针，在选用良种的基础上，加强预防措施，注重消灭病原，切断传播途径；强化河蟹养殖生态环境营造，做好水质调控，维持水质的稳定、良好，降低河蟹应激反应；加强饲料营养，提高机体抗药力，才能收到预期的防病效果。

一、蟹种选择

优质蟹种是健康养殖的前提与基础，选择经选育的良种亲本（如长江1号河蟹、长江2号河蟹、江海21号河蟹）繁育的大眼幼体培养而成的优质大规格蟹种，规格在100 ~ 160只/千克，大小一致，肢体完整、活力好，不带病菌。良种繁育的蟹种生长速度快、抗病力强。做好蟹体消毒可有效杀灭附着在蟹种体表的各种病原体，降低发病率。

二、蟹种消毒

在蟹种下池前，要用合适的药物进行消毒处理。常用10%聚维酮碘溶液或食盐水浸泡。消毒时根据蟹种的大小、体质、温度及所用药物的安全浓度灵活掌握。

三、生态环境营造

根据河蟹的生物学习性，创造一个适宜河蟹生长的生活环境，保持环境稳定、良好，规范生产管理，降低和避免河蟹的应激反应，是做好蟹病预防工作的主要技术措施，具体措施有以下几个方面。

1. 蟹池条件

蟹池构造要合理，坡比为1：（2.5 ~ 3.0）；要有一定比例的深水区和浅水区，满足河蟹的栖息习性和对水温的要求。蟹池的水源要充足，水质清新无污染，附近没有污染源，没有或含有较少病原体。每个蟹池都具备独立的进排水系统，以免各个河蟹池的水相互串联，引起蟹病蔓延。

2. 营造良好的生态环境

一般采用生物、物理方法改善生态环境。河蟹的排泄物和残饵腐败分解产生氨，不仅影响河蟹的生长发育，而且它们还是各种致病菌滋生、蔓延的基质和媒介。实践证明，在蟹池种植一定数量的水草，并搭配少量滤食性鱼类，可大大降低蟹池内有害物质的浓度，起到净化水质的作用。

3. 加强水质调控

近年来，光合细菌、EM菌、芽孢杆菌等微生态制剂在河蟹养殖生产中广泛应用，已充分显示利用有益微生物来处理水质、抑制病原微生物滋生卓有成效，生产中根据水质状况不定期泼洒水质改良剂或底质改良剂，改善水质和底质。

4. 应用微孔增氧技术

河蟹营底栖生活，池塘底质状况的好坏对其生长影响极大。微孔增氧技术在池塘底部构建增氧网络，蟹池整体溶解氧水平上升，尤其是夜间底层溶解氧含量明显提高，消除了

"氧债"，水体自净能力得到加强，物质、能量实现良性循环，水体理化指标保持良好和稳定，微生物生态平衡，有效地抑制了致病菌大量滋生，减少了病害因子，提高了河蟹的生长速度、成活率以及饲料的利用率。

四、控制杀灭病原

病原的存在是蟹病发生的根本原因。因此，消灭和减少病原是做好蟹病预防工作的主要内容之一，主要措施如下。

1. 加强苗种检疫

从外地引入亲蟹或蟹种时，应严格把关，检验合格后方可引入。首先，要对蟹种生产区疫情了解清楚，不能从疫情严重的地区引种；其次，要严格挑选，把伤、残、病蟹拒之门外，发生病情应立即隔离，防止疾病蔓延。

2. 做好清塘消毒

清塘消毒是控制环境病原体的基础工作。蟹池经长期的投饲、施肥，积累了大量残饲和排泄物，底层严重缺氧，大量有机物无法氧化分解，导致病原体滋生。因此，利用养殖冬闲期彻底清淤、晒塘、清塘消毒就显得特别重要。清淤是保持池底淤泥厚度10厘米左右，清除过多淤泥；晒塘要求排干池水，曝晒15天以上至池底出现裂纹；清塘一般可用生石灰75千克/亩干法清塘，也可以用漂白粉15千克/亩带水20厘米清塘。

3. 定期消毒池水

养殖期间，池水随着河蟹的排泄物增多而恶化，硫化氢、亚硝酸盐、氨氮升高，使病原微生物大量繁殖，所以必须做好定期消毒工作。池水消毒目前常用的药物有生石灰、漂白粉、强氯精、碘制剂等。

4. 保证饲料质量

颗粒饲料要保存在通风、干燥处，不要靠墙堆放，要避免阳光直射，同时要注意保质期，一般出厂6周内使用完。动物性饵料要求新鲜、不变质，使用前应采用10毫克/升的二氧化氯溶液浸泡消毒10～20分钟，也可以用3%～5%食盐水浸泡5～10分钟。消毒后的饲料，应用清水浸洗后投喂。

5. 工具消毒

生产过程中使用的工具因直接和养殖对象接触，往往成为河蟹疾病传播的媒介。因此，不同养殖水体所使用的工具应分开，避免产生交叉传染。如果工具缺乏，无法分开时，应将工具用20毫克/升的漂白粉消毒后再使用。

五、降低应激反应

天气骤变，生产操作（苗种捕捞、运输、换水等）不当，投入品（药物、微生物制剂、饲料）使用不当等原因造成环境巨变，会引起河蟹的应激反应，长期处于应激状态的河蟹抵抗力下降，病害易发。必须将预防和降低应激反应作为病害防治和水质调控的重点来抓。主要在溶解氧、pH、温度等方面进行有效的管控，特别是异常天气，水质管理尤为重要，防止水质骤变造成应激反应。

1. 保持较高的溶解氧

蟹池溶解氧高低，关系到河蟹生长速度、抗病能力、饲料利用率等，溶解氧也是蟹池生态系统物质能量循环的动力，因此，河蟹养得好不好与蟹池溶解氧有非常大的关系。蟹池中水草和浮游植物是蟹池溶解氧主要生产者和消费者，维持适当的水草覆盖率和透明度是非常重要的。

（1）维持适度的植物数量　透明度控制在30～50厘米（前期30厘米，中期40～50厘米，后期40厘米），水草覆盖率保持在50%～60%；在适度的人工增氧情况下，既可以保持水体较高的溶解氧含量，又可以防止溶解氧含量昼夜变化太大。

（2）科学增氧　每天22：00至翌日天亮后1小时增氧，高温季节（7～9月）21：00至翌日天亮后1小时增氧。阴雨天气连续增氧，确保溶解氧含量在5毫克/升以上。晴天中午增氧1～2小时。

（3）科学投喂　确定以颗粒饲料为主的饲料投喂方案。以“八成饱”为标准，禁止过量投喂，尤其温度高时，水质容易变化，因此，饲料宜少荤多素，以投喂蛋白质30%左右的颗粒饲料为主，防止因投喂高蛋白饲料引起水质变化。雨前减少投喂、雨中停止投喂、雨后逐步正常投喂。

（4）合理施肥　以施基肥和前期追肥为主，施肥基本原则为“前多后少、前氮后磷、新多老少”，肥料用前要池外处理（发酵、挥发、消毒、分解）。追肥要在晴天进行，并做好增氧工作，5月中旬后，一般不需要施肥。

2. 维持适当的pH

pH的管理是水质管理中一个非常重要的环节，pH与分子态氨、硫化氢占比密切关联。pH管理主要抓住两个环节。

（1）梅雨期（6 ~ 7月）　大量雨水（雨水呈酸性）夹带着泥沙进入池塘，造成pH下降、水位上升、透明度下降，易引发藻类、水草大量死亡，因此，要及时排水，保持水位稳定，可使用生石灰2.5 ~ 5.0千克/亩，化水全池泼洒以调控pH。

（2）高温期（7 ~ 8月）　光照强度大、温度高，蟹池中pH总体偏高且日变化大，可采用少量换水，定期使用果酸类生物制剂调控pH，或使用正常用量1/4 ~ 1/2的漂白粉等氯制剂调控。需要特别提醒的是：高温期间，连续晴天不可以使用生石灰。

以上两个环节如果处理不当，河蟹易产生应激反应，导致病害发生。

3. 强化水温管理

（1）早春水温管理　早春气温低、气温变化大，养殖管理的重点：一是提高水温，争取河蟹早摄食，主要措施为维持适宜水位（50 ~ 60厘米）、水体保持一定肥度、透明度控制在30 ~ 40厘米。换水时间应选择在12：00 ~ 14：00，适量排出下层“低温缺氧水”，注入表层“高温高氧水”。二是稳定水温，防止因“倒春寒”引起水温骤变。密切注意天气预报，如遇寒潮，应提前分多次将水位调整到70 ~ 80厘米，并适度施肥，降低透明度，增加蟹池保温效果。

（2）高温期水温管理　加深水位至1.2 ~ 1.5米。适度换水，每次换水10 ~ 15厘米，每周换水2 ~ 3次。换水时间应选择03：00 ~ 06：00（此时表层水温低于底层），排出底层"高温缺氧水"，注入表层"低温高氧水"。保持水草覆盖率在50% ~ 60%，如水草过少，可在池塘中设置面积5%左右的网围区，在网围区投放浮萍。

第四节　河蟹疾病发生的征兆

河蟹同其他水生动物一样，发生病原性疾病或非病原性疾病后，通常会表现为以下现象。

一、活动异常

巡塘检查时，如发现河蟹在静水区水草上匍匐不动或上草不下水、离水上岸不下水（图8-1）等异常活动情况，在排除

图8-1　离水上岸不下水

了天气变化、季节变化等情况后则为河蟹发病的征兆。

二、摄食量减少

每天例行检查河蟹摄食情况时，排除河蟹处于蜕壳期及天气变化后，如发现河蟹摄食量突然降低，则可视为河蟹发病的征兆。

三、水草、水质异常

养殖过程中如发现水草上浮（图8–2）、粘泥、死亡、腐烂，水色变蓝绿、变黑、变红、混浊，养殖水体中pH值、氨氮、亚硝酸盐等异常升高，溶解氧异常缺乏时可视为河蟹发病的前兆。

图8–2 水草上浮

四、体表异常、生长缓慢

抽样检查时发现河蟹体表、附肢等有异物（图8–3），或生长缓慢时，可视为河蟹发病的征兆，确诊时须镜检。

图8-3 河蟹体表、附肢等有异物

第五节 河蟹疾病的诊断方法

水产养殖动物疾病的发生是养殖环境、病原体与养殖动物三者共同作用的结果，因而对河蟹疾病的诊断需从以上三个方面进行综合判断，具体而言，河蟹疾病的诊断分为以下四个主要内容。

一、养殖环境的观察

蟹池中的水草生长情况是养殖环境观察的主要内容，同时也需对蟹池周边情况进行了解。主要观察的内容为：蟹池周边情况，蟹池中水草覆盖面积，水草的生长情况（如水草是否粘泥、生虫、卷叶及水草根部是否腐烂等），还有蟹池的水色是否混浊、发黑、发红等。

二、水质的检查

蟹池中水质的检查主要是常规检查，如水温、透明度、水色、pH、溶解氧、氨氮、亚硝酸盐等，以及浮游生物的种类与数量、蟹池中悬浮物质的情况、蟹池底层有机物质等的检查。

三、疾病的检查

1. 观察河蟹的活动情况

河蟹的活动情况观察可分为两种情况：一是蟹池中河蟹的活动情况观察，二是河蟹离水后活动情况的观察。正常的河蟹反应敏捷，在8 ~ 9月生长旺季，白天也爬到水草或池边浅水区活动，但听到异常响动后会迅速逃入水中，而病蟹则反应迟钝。离水后正常的河蟹应活动力强，检查时将河蟹腹部朝上，河蟹能迅速反转爬行，说明反应灵活、体质好。

2. 体表及附肢的检查

河蟹体表及附肢观察的主要内容有：河蟹形态是否正常，色泽是否正常，背腹甲是否有破损，体表是否有异物，附肢是否完整，步足足尖是否有破损等。如发现疾病症状则需取病变部位置于显微镜下检查。

3. 消化道的检查

将蟹脐揭开，观察后肠粪便颜色、粗细、黏稠度及断节情况。也可剖开腹部，取出消化道，从前端剪至后端，取出食物和粪便，看肠道是否发炎及有异物。

4. 鳃丝、肝胰腺的检查

打开腹部，看鳃丝、肝胰腺色泽是否正常，同时观察河蟹鳃丝颜色状况、肿胀状况、是否有缺损，如鳃丝变黑或变黄应取少量鳃组织，置于显微镜下检查。

四、全面了解河蟹的发病史与用药史

对河蟹疾病的诊断必须了解河蟹养殖过程中发病前养殖活动变化情况，同时更需要了解河蟹疾病的发生、发展与现状，并对疾病发生后所采用的治疗方法与用药情况进行逐一了解，以结合其他诊断情况综合分析。

第六节　河蟹疾病防治用药准则

安全用药与有效用药是水产养殖动物疾病防治的基本准

则，对于人工养殖河蟹而言，防治河蟹疾病时安全用药须注意以下事项。

一、考虑药物副作用

利用混养鱼类调节水质、提高水体利用率是一种必需手段，但混养鱼类也会发生各种疾病，而防治鱼病中所使用的各类药物必须是对河蟹及栽培的水草无毒无害，否则不能使用。

二、科学用药

蟹池应慎用含氯消毒剂、季铵盐类消毒剂，禁用菊酯类杀虫剂、有机磷类杀虫剂、重金属杀虫剂、杀藻剂、农用除草剂等。适合于蟹池外用的药物很有限，包括增氧剂、聚维酮碘、过氧化物消毒剂（如过氧化氢、高铁酸钾、过硫酸氢钾等）以及硫酸锌和低剂量的辛硫磷溶液；适合于河蟹口服的药物应以中草药、复合多维制剂、矿物质添加剂为主，慎用抗生素。

三、蜕壳期不用药

河蟹蜕壳过程中是其生命活动最为脆弱的时候，因此河蟹蜕壳期间应禁止使用除增氧剂和过氧化物消毒剂以外的任何药物。

四、立体用药

河蟹为底栖甲壳类动物，其生活区间为水体底层，因而在定期使用药物防治河蟹疾病时既要采用全池泼洒药物的方式，也要采用全池干撒颗粒剂或片剂药物的方式。

五、预防为主

通常情况下河蟹疾病是可防不可治的，因而对河蟹疾病防治应以预防为中心，以建立良好的水生态系统为基础，同时应定期使用微生态制剂和过氧化物水质改良剂，并加强使用抗应激、保肝、护肝及促蜕壳的口服制剂。

第七节　河蟹疾病防治用药方法

一、药物选择

目前，河蟹养殖中所使用的渔药及相关制品主要有消毒剂、驱杀虫剂、水质（底质）改良剂、抗菌药、中草药5大类。

1. 消毒剂

消毒剂的原料大部分是一些化学物质，常用的主要包括生石灰、含氯消毒剂（如漂白粉、三氯异氰尿酸、二氧化氯等），含溴消毒剂（如溴氯海因、二溴海因等）和含碘消毒剂（如聚维酮碘、季铵盐络合碘等）。其他类型的消毒剂如醛类消毒剂（如甲醛、戊二醛等）、酚类消毒剂等也有一定应用。

消毒剂可以杀灭水体中的各种微生物，包括细菌、病毒、真菌以及某些细菌的芽孢，但这种杀灭是没有选择性的，会同时对河蟹产生一定的刺激与伤害。不适当的使用消毒剂，还易导致养殖水体中正常的微生态结构发生紊乱，给水环境造成不利影响，使用过程中应加以避免。

2. 驱杀虫剂

驱杀虫类渔药具有较广的杀虫谱，对寄生于河蟹体表或体内的各类寄生虫均有较好的杀灭效果。这类渔药主要包括有机磷类、拟除虫菊酯类、咪唑类、重金属类及某些氧化剂等，绝大部分的这类药物都是由农药转化而来的，多次泼洒极易导致药物污染，特别是对毒性较大的驱杀虫剂的使用务必慎之又慎。使用后要用果酸、腐殖酸钠等解毒剂解毒。

3. 水质（底质）改良剂

这类制剂在河蟹养殖中的使用也较为普遍，除了一些化学物质（如沸石、过氧化钙等），较大部分是一些微生态制剂，应用较多的有乳酸菌、芽孢杆菌、酵母菌、光合细菌、硝化细菌、反硝化细菌及EM菌等。

使用中需要注意的是，各类微生态制剂均需在合适的环境条件下才能发挥作用，只有在满足其生理特性需求的水体中才能正常地繁殖与生长，发挥其有限的作用，因此，在微生态制剂的使用中应本着“因地制宜”的原则，选择合适的菌剂，避免盲目泼洒，否则将可能导致这些池塘中固有的微生态群落结构发生改变，甚至引起池塘微生态群落多样性的消失，需加以重视。

另外，需要提醒的是，大部分微生态制剂是好氧菌，下池后需要消耗氧气，只有在氧气充足的情况下，它才能迅速地增殖，所以使用前一定要搞清楚是厌氧菌还是好氧菌、兼气菌。如果是好氧菌，一定要在晴天使用，否则，不但没有效果，还会起到副作用。

4. 抗菌药

抗菌类渔药是指用来治疗河蟹细菌性传染病的一类药物，它对病原菌具有抑制或杀灭作用。按这类渔药的来源，可以分为天然抗生素（如土霉素、庆大霉素等），半合成抗生素（如氨苄西林、利福平等），以及人工合成的抗菌药（如喹诺酮类、磺胺类药物等）。在河蟹养殖过程中，要适时检测并掌握病原菌的耐药状况及其对各种抗菌药物的敏感性，根据药物的种类和特性，决定药物的轮换使用，避免低剂量连续使用某种药物而导致病原菌抗药性的产生。

5. 中草药

中草药是指以防治河蟹疾病或改善河蟹健康状况为目的而使用的经加工或未经加工的药用植物，常用的有大黄、黄柏、黄芩、黄连、乌柏、板蓝根、穿心莲、大蒜、楝树、铁苋菜、水辣蓼、五倍子和菖蒲等。生产中主要将其作为预防疾病的药物，在使用过程中应杜绝一切凭经验的做法，根据其药用机制、毒副作用等合理施用。

二、给药途径

1. 口服法

口服法用药是疾病防治中一种重要的给药方法。此法常用于河蟹体内病原生物的消除、感染的控制、免疫刺激、体内代谢环境改善等。施用量要适中，避免剩余，同时，每次施用时应考虑到同池其他混养品种。

2. 药浴法

（1）全池遍洒法　全池遍洒法是疾病防治中最为常用的方法，主要用于河蟹体表消毒杀菌、杀虫。

（2）浸洗法　浸洗法用药量少，可人为控制，主要在运输河蟹苗种或苗种投放之前实施。药物浓度和药浴时间应视水温及河蟹忍受情况而灵活掌握，发现蟹（种、苗）有不适症状，立即放养。

3. 悬挂法

具有用药量少、成本低、操作简便和毒副作用小等优点，常用于预防疾病。为保证用药的效果，用药前应停食1～2天，使其处于饥饿状态，促使其进入药物悬挂区内摄食。常用于鱼类养殖，河蟹养殖使用较少。

三、给药剂量

1. 外用药给药量的确定

根据河蟹对某种药物的安全浓度、药物对病原体的致死浓度而确定药物的使用浓度。

（1）准确测量池塘水的体积或确定浸浴水体的体积　水体积的计算方法：水体积（$米^3$）=面积（$米^2$）× 平均水深（米）。

（2）计算出用药量　用药量（克）=需用药物的浓度（克/$米^3$）× 水体积（$米^3$）。

2. 内服药给药量的确定

用药标准量：指每千克体重所用药物的毫克数（毫克/千克）。

池中河蟹总重量（千克）=河蟹平均体重（千克）× 只数；

或按投饲总重量（千克）÷投饲率（%）进行计算。

投饲率（%）：指每100千克河蟹体重需要投喂饲料的千克数。

药物添加率：指每100千克饲料中所添加药物的毫克数。

结合以上数据，可以从两个方面得到内服药的给药量：根据河蟹的总体重，给药总量（毫克）=用药标准量×河蟹总重量；根据每日投饲量，给药总量（毫克）=［日投饲量（千克）/100］×药物添加率。

注：药物的通常用量是指水温20℃时的用量，水温达到25℃以上时，应酌情减少用量，低于18℃时，应适当增加药量。

四、给药时间

给药时间一般选择在晴天的9：00–11：00或15：00–17：00，避免高温时用药。阴雨天、闷热天气、水质不良、河蟹蜕壳时不得用药。

五、用药疗程

1. 疗程长短

疗程长短应视病情的轻重、渔药的作用及其在蟹体内的代谢过程而定，对于病情重、持续时间长的疾病一定要有足够的疗程。一个疗程结束后，应视具体的病情决定是否追加疗程，过早停药不仅会导致疾病的治疗不彻底，而且还会使病原体产生抗药性。

2. 规范用药

内服渔药的疗程一般为4 ~ 6天；池塘泼洒药物时，如需连续泼洒2 ~ 3次，一般间隔1天施用一次。养殖者应强化渔药使用中的休药期意识，遵守渔药休药期的有关规定，避免用药后短时间内将成蟹上市出售。

六、给药后水处理

一般情况下，使用化学药品后，水质均会受到一定影响，如消毒剂、杀虫剂会杀死水体中部分浮游生物和细菌，水体的藻相和菌相均会发生变化，容易缺氧。所以，用药后要密切关注水质变化、养殖品种的活动状况，加强增氧，使用解毒剂解毒，必要时适当换水、培肥水质，发现问题及时处置。

第八节　常见河蟹疾病的治疗

近20多年来，高密度、高投入、高产出的养殖模式大大促进了河蟹养殖户的积极性和经济效益的提高，但水体中残饵、排泄物的增多，加重了水体污染，河蟹发病率也随之上升。河蟹的疾病按病原可分为病毒病、细菌病、真菌病、寄生虫病等。河蟹属底栖甲壳类动物，从河蟹的生活习性看，营造良好的生态环境始终是防治河蟹疾病的重要措施，同时河蟹不具备特异性免疫力，对很多药物比较敏感，使得河蟹疾病的治疗具有不同于鱼类的方式和方法。

一、病毒病

1. 颤抖病

（1）主要症状　病蟹反应迟钝、行动迟缓，螯足的握力减弱；出现胸肢不断颤抖、抽搐和痉挛等症状，附肢无力，往往每动一下，便抽动一次，有时步足收拢，蜷缩成团（图8-4）；鳃排列不整齐，呈浅棕色，少数甚至呈黑色；多上草上岸，摄食减少以致停止摄食；出现肝胰腺变性、坏死，初期呈淡黄色，最后呈灰白色；背甲内有大量腹水，步足的肌肉萎缩水肿，有时头胸甲（背甲）的内膜也坏死脱落；最后病蟹因神经紊乱、呼吸困难、心力衰竭而死。最典型的症状为步足颤抖、环爪、爪尖着地、腹部离开地面，甚至蟹体倒立（图8-5）。

（2）病原　有关颤抖病的发生原因及病原体的说法各不相同，主流报道的有病毒和螺原体，在病毒性病原中报道较多的有中华绒螯蟹呼肠孤病毒。许多专家对病蟹进行检查时，都有

图8-4　步足收拢，蜷缩成团

图8-5　蟹体倒立

发现病毒与细菌共生，但发病的主要原因可能是病毒感染，细菌为继发性感染。

（3）流行情况　河蟹颤抖病20世纪90年代在我国出现，现在全国养殖河蟹的地区均有发生。河蟹是该病唯一的敏感种类，从体重3克的蟹种至300克以上的成蟹均可患病。从发病到死亡往往只需3 ~ 4天，沿长江地区，特别是江苏、浙江等地流行严重。严重发病地区发病率高达90%以上，死亡率在70%以上，对河蟹养殖业危害巨大。

该病多发生在消毒不彻底的老蟹池。高温季节，水质恶化，pH值低的水域尤其多。3 ~ 11月为主要发病季节，8 ~ 9月为发病高峰期。温度在28 ~ 33℃流行最快，10月后水温降到20℃以下，该病渐为少见。

（4）防治方法　目前此病尚无特效药治疗，因此重点放在预防上。

① 加强疫病监测与检疫，掌握流行病学情况。

② 做好健康蟹种的选育，蟹种放养前用高锰酸钾或碘制剂加水浸泡消毒。

③ 建立良好的养殖环境，加强水源、工具、设施等的严格消毒。

④ 老蟹池或曾发生过颤抖病的蟹区一定要严格清塘消毒。

⑤ 发现患病蟹必须销毁，并对养殖水体、工具、场地等进行消毒。

⑥ 适时在饲料中添加多维、蜕壳素和其他能提高河蟹免疫力的中草药。

2. 疱疹病毒状病毒

（1）主要症状　病蟹甲壳正常，也能正常蜕壳；行动迟缓，有时呈昏迷状态（图8-6）并很快死亡。

（2）病原　疱疹病毒状病毒。

（3）流行情况　主要发生在成蟹的养殖过程中。发生原因及传播途径可能是健康的河蟹摄食了受感染病蟹的肌肉或其他生物体，也可能是含有病毒的水体传染。

图8-6 河蟹昏迷

（4）防治方法　目前尚无有效的治疗方法，只能加强预防措施。

① 放养前彻底清塘，采用化学、物理和生物方法进行底质及水质的改良工作，投喂充足的营养全面的饲料。

② 病死蟹及时捞出进行无害化处理，对水体采用碘制剂进行消毒。

二、细菌病

1. 弧菌病

（1）主要症状　主要表现为腹部和附肢腐烂，体色变浅，呈不透明的白色；摄食少或不摄食，肠道内无食物；发育变态停滞不前；行动迟缓，活动减弱，有些匍匐在池边。病重时，胸足伸直丧失运动能力，有些在池边死亡（图8-7），有些下沉于水底而死。

图8-7 河蟹池边死亡

（2）病原　弧菌。

（3）流行情况　在河蟹育苗的各个阶段均有发生，

尤以溞状幼体的前期为重。具有很强的传染性和较高的死亡率，死亡率达50%。幼体感染后1 ~ 2天会出现大量死亡，危害性很大。

（4）防治方法　目前尚无有效的治疗方法，主要预防方法如下。

① 彻底清池消毒。

② 避免幼体受伤。

③ 保持水体清新，防止水质污染。

④ 养殖水体用溴氯海因复合消毒剂0.4毫克/升或二氯海因复合消毒剂0.2毫克/升等进行消毒，常用工具要严格消毒。

⑤ 疾病发生后，适当减少投饲量，适量换水，再用溴氯海因复合消毒剂0.4毫克/升全池泼洒，同时内服氟苯尼考等抗菌药物相结合，可起到一定治疗作用。

2. 烂肢病（腐壳病）

（1）主要症状　病蟹背甲、腹部及附肢腐烂，肛门红肿，摄食减少或停食，活动迟缓，严重的病蟹步足均有指节（俗称爪节）烂掉的现象，且病灶边缘为黑色。病灶位于背甲部位的，严重时中心部溃疡较深，甲壳被侵袭成洞（图8-8），可见肌肉或皮膜。最后无法蜕壳而死。

（2）病原　致病菌目前尚无定论，有人认为是嗜甲壳细菌所致，有人认为是由具有分解几丁质的细菌所致。

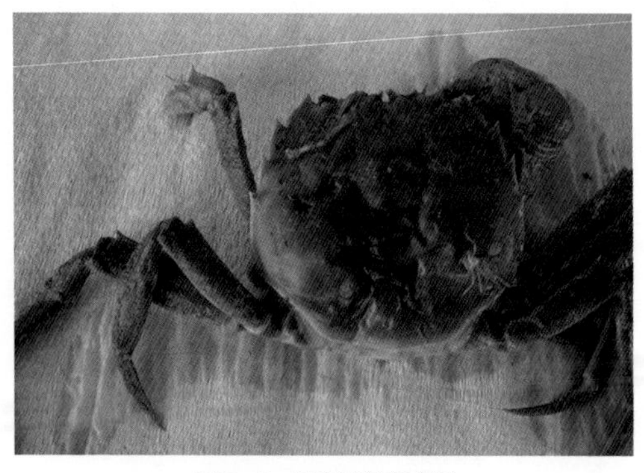

图8-8　甲壳被侵袭成洞

（3）流行情况　此病流行季节为4 ～ 9月，当水温升到17℃以上的春季和初夏开始发病。幼蟹至成蟹的各个阶段都可能染有此病，主要是因捕捞、运输时蟹体受到机械损伤或是放养与生长过程中的自相残杀或敌害生物侵袭造成伤害引起病原菌感染所致。

（4）防治方法

① 运输、放养时操作要细致，避免使河蟹受伤。

② 彻底清除养殖池内的敌害生物，如蛇、青蛙、老鼠等。

③ 苗种放养前用高锰酸钾或碘制剂浸浴10分钟左右。

④ 疾病发生后，用生石灰10 ～ 15毫克/升全池泼洒，连续使用2 ～ 3次；全池泼洒20%戊二醛溶液，用量为130毫升/（亩·米），每日1次，连用2次。

3. 水肿病

（1）主要症状　病蟹的腹与胸甲下方交界处肿胀，呈透明状（图8-9），类似河蟹即将蜕壳。用手轻轻压其胸甲，有少量的水向外冒。病蟹活动缓慢，滞留岸边，不下水，不摄食，最后衰竭而死。

（2）病原　细菌或毛霉菌。

（3）流行情况　幼蟹至成蟹的各个阶段都可能染有此病，原因是河蟹腹部受伤后受到病菌感染所致。

图8-9　肿胀呈透明状

（4）防治方法

① 细菌性的水肿

a.养殖过程中细心操作，勿使蟹体腹部受伤。

b.连续换水2次，先排后灌，每次换水量1/3 ~ 1/2。

c.泼洒漂白粉2毫克/升。

d.全池泼洒生石灰10 ~ 15毫克/升。

e.用大蒜拌食投喂一周，用量为蟹重的0.5% ~ 1.0%。

② 毛霉菌引起的水肿

a.养殖过程中细心操作，勿使蟹体腹部受伤。

b.连续换水2次。

c.泼洒漂白粉2毫克/升。

d.泼洒生石灰10 ~ 15毫克/升。

4. 黑鳃病

（1）主要症状　患病初期，部分鳃丝呈现暗灰色或黑色。随着病情发展，鳃丝全部变成黑色（图8-10），鳃丝残缺不全。病蟹行动迟缓，白天爬出水面匍匐不动，呼吸困难，俗称叹气病。轻者有逃避能力，重者几天或几小时内死亡。

图8-10　鳃丝全部变成黑色

（2）病原　嗜水气单胞菌或柱状屈挠杆菌。

（3）流行情况　水质恶化是诱发该病的主要原因，幼蟹至成蟹的各个阶段都可能发生此病，主要危害成蟹。该病多发生在成蟹养殖后期的夏、秋季，尤以规格大的河蟹易发生，该病危害极大。8 ~ 9月是主要流行季节，传播速度快，危害极大。

（4）防治方法

① 注意改善水质，及时更换新水。

② 定期清除食场残饵，用生石灰进行食场或饲料台消毒。

③ 用漂白粉全池泼洒，使池水中漂白粉浓度达1毫克/升。

④ 预防时每10 ~ 15天用生石灰化水全池泼洒，使池水中生石灰浓度达10毫克/升。

⑤ 治疗时用生石灰化水全池泼洒，使池水中生石灰浓度达10 ~ 15毫克/升，连续泼洒2次。

5. 肠炎病

（1）主要症状　发病时河蟹摄食减少或拒食，口吐黄色泡沫；病蟹消化不良，肠胃发炎、发红且无粪便（图8-11）；有时肝、鳃亦会发生病变。

（2）病原　杆状细菌。

（3）流行情况　该病一般因水质不良、食场不卫生、饲料变质或消化不良引起细菌性感染所致，幼蟹至成蟹的各个阶段都可能感染该病。该病在各地均有发生，主要危害成蟹，发病率不高，但病蟹死亡率可达30% ~ 50%，残存病蟹的个体规格及商品价值均有所下降。

图8-11　河蟹肠道无粪便

（4）防治方法

① 禁止投喂变质的饲料。

② 避免过量投喂，及时捞除腐烂变质的残饵。

③ 全池泼洒聚维酮碘。

④ 内服“硫酸新霉素”和保肝护肝药物、多维制剂3 ~ 5天，每天1次。

三、真菌病

1. 水霉病

（1）主要症状　病蟹的体表，尤其是伤口部位，生长着棉絮状菌丝，俗称“生毛”。菌丝长短不一,一般2 ~ 3厘米。菌丝向内深入肌肉，蔓延到组织间隙之间。由于霉菌能分泌一种酵素分解组织，病蟹体表受刺激后分泌大量黏液。病蟹行动迟缓，摄食减少，伤口不愈合，导致伤口部位组织溃烂并蔓延，严重的造成死亡。

（2）病原　水霉菌。

（3）流行情况　此病以春季最为常见，主要危害受伤的河蟹。幼蟹至成蟹的各个阶段都可能染有此病，主要因运输、操作不慎，水霉菌侵入受伤蟹体所致。

（4）防治方法

① 进行起捕、运输、放养等操作要细致，勿使蟹体受伤。

② 蟹种放养时用漂白粉或食盐水浸洗消毒。

③ 用3% ~ 5%的食盐水浸洗病蟹3 ~ 5分钟，并用5%的碘酒涂抹患处。

④ 用浓度20 ~ 50毫克/升甲醛药液浸洗病蟹10 ~ 20分钟。

2. “牛奶病”

（1）主要症状　发病河蟹活力差，不进食；发病严重的河蟹解剖头胸甲内有大量乳白色液体，呈牛奶状，三角瓣、内膜、心脏、鳃等发白（图8-12），取鳃置载玻片上，用镊子按压能挤出乳白色液体；部分肝胰腺萎缩甚至糜烂；剪开附肢，可见肌肉纤维组织模糊并有乳白色液体。显微镜镜检乳白色液体发现有大量颤动菌体。

图8-12 河蟹鳃发白

（2）病原 二尖梅奇酵母。

（3）流行情况 发病集中在低温期，可以感染所有规格的河蟹。水温低于20℃时危害大，高于20℃发病率降低，呈慢性死亡。该病目前发病区域主要在我国北方地区，北方地区越冬后4月的放苗阶段以及进入10月的成蟹暂养阶段发病率高。这种病可以通过河蟹食入病死蟹以及水体环境传染。

（4）防治方法 由于酵母菌属于真菌类微生物，水产使用的抗菌类药物对其无效。此外，由于体内感染，消毒药物剂量很难在体内达到杀菌浓度，高剂量使用容易超出河蟹的药物安全浓度，因此，预防是重要途径。

① 选择养殖水体时，尽量远离曾经发病的水体。

② 淤泥厚的池塘有条件的彻底清淤或者干塘、晒塘。

③ 选择蟹种时，认真观察蟹种的活力和体色，遇到花盖或者体表污浊、活力差的蟹种要及时解剖，发现内脏呈乳白色的蟹即为病蟹。

④ 在养殖过程中加强底质管理，增加改底次数，减少底部有机质积累，抑制病原菌繁殖。

⑤ 在养殖过程中，禁止使用变质的动物性饵料投喂。

⑥ 在养殖过程中发现溜边活力差的蟹及时解剖观察，一旦发现病蟹马上捞出并烧毁，防止病蟹被其他蟹摄食造成传播。

四、寄生虫病

1. 纤毛虫病

（1）主要症状　病蟹关节、步足、背壳、额部、附肢及鳃上都可附着纤毛虫类的原生动物，使河蟹体表长满许多棕色或黄褐色绒毛（图8-13），患病河蟹体表污物多，手摸病蟹体表和附肢有滑腻感。病蟹行动迟缓，食欲下降，乃至停食，终因营养不良无力蜕壳而死。

图8-13　河蟹体表长满许多棕色或黄褐色绒毛

（2）病原　造成危害的纤毛虫主要种类有聚缩虫、累枝虫、钟形虫、单缩虫等。

（3）流行情况　幼蟹至成蟹的各个阶段都可能染有此病。该病是因池水过肥，长期不换水，投喂量大、残渣剩饵不清除、水质恶化，以及纤毛虫原生动物大量繁殖并寄生于蟹体所致。

（4）防治方法

① 改善水体环境，排除1/3老水，泼洒生石灰，使池水中生石灰浓度为10 ~ 15毫克/升，连用2次，将池水透明度提高到40厘米以上。

② 用硫酸铜、硫酸亚铁（5∶2）合剂全池泼洒，使池水中药物浓度达0.7毫克/升。

③ 用硫酸锌全池泼洒，使池水中硫酸锌浓度达到0.3毫克/升。

2. 蟹奴病

（1）主要症状　被蟹奴大量寄生的河蟹，蟹脐略显肿大，揭开脐盖可见乳白色或半透明颗粒状虫体（图8–14）。病蟹生长缓慢，生殖器官退化。肉味恶臭，不能食用，蟹农称之为“臭虫蟹”。

图8–14　乳白色或半透明颗粒状虫体

（2）病原　多种蟹奴，属寄生性甲壳动物。

（3）流行情况　幼蟹至成蟹的各个阶段都可能染有此病，多见于成蟹，并且雌蟹患病比例大于雄蟹。流行季节为8 ~ 9月。该病发生的主要原因是水体含盐量高（1‰以上）、蟹奴大量繁殖、幼体扩散感染。

（4）防治方法

① 避免引进已感染蟹奴的蟹种。

② 彻底清塘，杀灭蟹奴幼虫，常用药物有漂白粉、敌百虫等。

③ 更换池水，注入新淡水（盐度1‰以下）。

④ 用20毫克/升高锰酸钾溶液或8毫克/升硫酸铜溶液，浸洗病蟹10 ~ 15分钟。

⑤ 用硫酸铜、硫酸亚铁（5∶2）合剂全池泼洒，使池水中药物浓度达0.7毫克/升。

五、其他疾病

1. 蜕壳不遂病

（1）主要症状　病蟹头胸甲与腹部交界处出现裂缝是该病的典型症状。背甲上有明显的棕色斑点，全身变为淡棕黄色，最终因蜕壳困难而死亡（图8–15）。

（2）病因　水质不好、饲料营养不全面、水中缺钙或其他微量元素都可能诱发此病。

图8-15 河蟹因蜕壳困难而死亡

（3）流行情况 该病主要危害幼蟹及100克左右的成蟹。

（4）防治方法

① 池塘中栽种充足的水草，注意保持好水质，合理放养。

② 定期用生石灰10 ~ 15毫克/升全池泼洒。

③ 在饲料中添加适量的蜕壳素及贝壳粉、骨粉、蛋壳粉、鱼粉等矿物质含量较多的物质。

④ 养殖水体既要有浅水区，又要有深水区。

⑤ 适时调控水位，保持水温在19 ~ 28℃。

⑥ 禁止在河蟹蜕壳高峰期使用任何外用泼洒的刺激性药物。

2. 软壳病

（1）主要症状 河蟹旧壳脱落后，新壳甲壳形不正、不平或质软，很久不能硬化（图8-16），病蟹通常出现食欲降低、活动无力、生长缓慢，极易遭受敌害侵袭而死亡。

（2）病因 光照过少、饲料营养不全面、水中缺钙或其他微量元素都可能诱发此病。

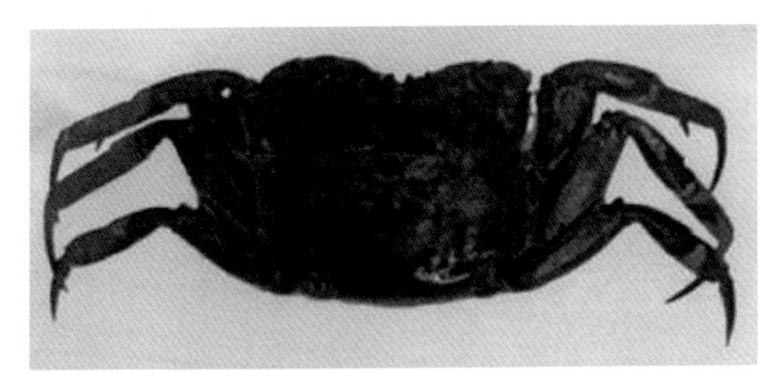

图8-16 河蟹甲壳不能硬化

（3）流行情况 危害对象为刚完成蜕壳的河蟹。

（4）防治方法

① 生石灰10 ~ 15毫克/升全池泼洒。

② 更换饲料，增加动物性饵料比例，特别是要补给活的或新鲜的动物性饵料。

③ 在饲料中拌和蛋壳粉、鱼粉和蚕蛹粉，适量添加一些食盐。

④ 做到饲料多样化或全程投喂全价配合饲料。

⑤ 水草覆盖率60%左右，不宜过多或过少。

3. 中毒症

（1）主要症状 有毒物质通过河蟹的鳃、三角膜进入体内，使河蟹背甲缘胀裂出现假性蜕壳，致使三角膜呈现红、黑泥性异状变化，腹脐张开下垂，四肢僵硬而死亡；或通过食物由胃肠进入血液循环，使河蟹内分泌失调，螯足、步足与头胸甲分离后死亡（图8-17）。中毒后的病蟹活动失常，死后肢体僵硬、拱起、腹脐离开胸板下垂，鳃及肝明显变色。

（2）病因 池底产生有毒气体和生物性毒素等导致水质恶化，药物使用不当或浓度过高，饲料变质或被毒物污染等，都可引起河蟹中毒症的发生。

（3）流行情况 主要发生在6 ~ 9月。

（4）防治方法

① 做好清塘工作，清除过多的淤泥。放养前用生石灰干法清塘。

图8-17　河蟹中毒死亡

② 养殖季节应经常换水，保持水质清新。

③ 在易发病季节，每个月用生石灰10 ~ 15毫克/升全池泼洒。

④ 稻田养蟹方式，在给水稻喷洒农药时要尽量洒在水稻叶面上，并要注意各种农药对河蟹的安全浓度，用药后要立即换水。

⑤ 发生中毒症后，要立即彻底换池水，换水率应为300% ~ 500%。

4. 上岸不下水症

（1）主要症状　河蟹爬上池中栽种的水草顶部或池塘岸边而不入水中，大多发生在夜间。病症较轻时池边稍有响动河蟹即入水，或在黎明前河蟹下水而恢复正常；病情严重时上午10：00时河蟹仍不下水而趴在岸边（图8-18），有时即使人工驱赶河蟹也不进入水中，时间一长就会引起部分伤亡。表现为活动乏力，岸边吐白沫，不摄食等。

（2）病因　水体缺氧、水草腐烂、底质恶化、氨氮或亚硝酸盐超标、应激反应强烈等都会导致河蟹上岸不下水。

图8-18 河蟹趴在岸边不下水

（3）流行情况 梅雨过后以及连续闷热天气是高发期。

（4）防治方法

① 水体缺氧的勤开增氧机，加强增氧。

② 对水草适时割茬、施肥，防止水草腐烂。

③ 梅雨季节、高温季节、闷热天气多使用底质改良剂加强改底。

④ 通过检测确定氨氮、亚硝酸盐等超标情况，采取针对性措施。

⑤ 过量使用刺激性药物也会导致河蟹上岸、上草，一般换掉部分水及时解毒后，症状会有所缓解。

第九章 水草栽培技术

第一节　水草在河蟹养殖中的作用

俗话说："蟹大小，看水草；蟹多少，看水草"，由此可见水草在河蟹养殖中具有重要作用。目前，河蟹养殖过程中应用较多的水草主要有伊乐藻、轮叶黑藻、苦草、金鱼藻、水花生等。

一、充当营养源

河蟹是杂食性动物，在自然状况下，水草在河蟹食物组成中占有很大比重。大部分水草具有鲜、嫩、脆、滑等特点，水草中含有少量蛋白质、脂肪及其他营养要素。从水草所含的蛋白、脂肪含量看，很难构成河蟹食物蛋白、脂肪的主要来源。但是水草茎叶中往往富含维生素C、维生素E和维生素B_{12}等维生素，这些可以弥补投喂谷物和配合饲料中多种维生素的不足。另外，水草中一般含有1%左右的粗纤维，这可以促进河蟹对多种食物的消化和吸收。水草中还含有丰富的钙、磷及多种微量元素，其中钙的含量尤其突出，对于促进河蟹蜕壳具有非常重要的作用。由此可见，水草是河蟹生产中不可缺少的营养源。

二、提供隐蔽场所

河蟹喜欢在浅水区栖息、蜕壳，深水区河蟹很少出现，特别是蜕壳，基本都在溶解氧相对充足、环境条件好的浅水区和水草上。绝大部分河蟹蜕壳时选择依附于水下5 ~ 30厘米的水草茎叶上。蜕壳后的软壳蟹需要几个小时静伏不动的恢复期，新壳渐渐硬化之后，才能开始正常爬行和觅食。在此期间，软壳蟹抵御敌害生物的能力差，如果没有水草提供隐蔽场所，很容易被硬壳蟹以及小龙虾、鲇、乌鳢等其他敌害生物残食。因此，水草的多少对河蟹的成活率有显著影响。生产实践中，在水草适宜、投饲充足的情况下，河蟹的成活率高、规格大、品质好；而水草较少的池塘，河蟹成活率低、规格小、品质差。由此可见，水草在提高河蟹养殖成活率和商品蟹规格方面，具有十分重要的作用。

三、净化水质

与鱼类相比，河蟹对水质尤其是溶解氧的要求更高，溶解氧含量低于4毫克/升则不利于河蟹生长。河蟹适宜在微碱性水体中生长，适宜的pH值为7.5 ~ 8.5，pH值低于7.0的水质不利于河蟹蜕壳生长。蟹池中栽种水草，水草的光合作用能释放大量氧气，是水体中氧气的重要来源。同时，水草还可吸收池塘中不断产生的大量有害的氨态氮、二氧化碳和剩余饲料溶失物及某些有机分解物。这些作用，对调节水体的pH值、溶解氧乃至水温，稳定水质，都有着重要意义。实践表明，水草丰富的池塘，养成的河蟹体色好、规格大、产量高、味道鲜美；相反，水草少或无水草的池塘则河蟹往往体色差、规格小、产量低、口感不佳。

四、药理作用

经科学家分析，水草除了含有常见的蛋白质、脂肪、维生素、微量元素等几大营养物质外，还含有许多的药物成分，如皂苷、多糖、甾醇、黄酮类、生物碱、有机酸、腺嘌呤、嘧啶等结构复杂的有机质，有这些有机质的存在，一般作为载体的植物大多具备一定的抑菌、消炎、解毒、止血和提高免疫力等药理作用。

五、环境因子

水草的存在，对于水体中的水生植物、浮游动物、混养鱼类以及螺、贝、线虫、水生昆虫、小型鱼虾等底栖动物的繁衍生长都有很大好处。而各种底栖动物和水生昆虫等，又是河蟹极好的动物性饵料。水草与河蟹以及水体、池底进行着复杂的物质交换，并维持着某种特定的生态平衡。水草是蟹池生态系统中重要的环境因子，无论对河蟹的生长还是疾病防治，都具有直接或间接的作用。

第二节　伊乐藻栽培技术

伊乐藻（图9-1）原产于美洲，是一种优质、低温、速生、高产的沉水植物。养殖水体内种植伊乐藻能为河蟹提供栖息、隐蔽和蜕壳的好场所，有助于河蟹蜕壳、避敌和保持较好的体色。长江流域4 ~ 5月和10 ~ 11月的水温最适合伊乐藻快速生长。伊乐藻的优点是5℃以上即可生长，植株鲜嫩，叶片柔软，适口性好，再生能力强；其缺点是不耐高温，当水温达到30℃时，基本停止生长，也容易臭水，因此覆盖率不宜过大。

图9-1　伊乐藻

一、种植前的准备

1. 清塘消毒

排干蟹池内的水，用生石灰50 ~ 75千克/亩化水泼洒，清除野杂鱼，杀灭病菌，然后让池底充分曝晒一段时间，同时做好池塘的清整工作。

2. 施肥

施生物有机肥15 ~ 20千克/亩或发酵腐熟的粪肥300 ~ 500千克/亩，作为种植伊乐藻的基肥。待水草扎根后，再根据水的肥瘦情况，适当补充促进水草生长的肥料。

3. 进水

伊乐藻种植前5 ~ 7天，注入新水20厘米左右，进水口用60目网片进行过滤。

二、种植时间

根据伊乐藻在水温5 ~ 30℃时都能正常生长的特点，结合河蟹生产对水草的实际需要，种植时间宜在11月至翌年2月中旬。

三、种植方法

种植时遵循先深后浅的原则。有环沟（蟹沟）的池塘一般分2次移栽，先栽环沟，待环沟内伊乐藻成活后再加水淹没池塘底部，在池塘底部种植伊乐藻。环沟中伊乐藻呈条状种植，一般只种一行。伊乐藻的栽培方法主要有以下四种。

1. 小段横植法

用15 ~ 20根长15 ~ 50厘米（根据实际情况可以适当调整数量和长度）的小段伊乐藻按照株距1 ~ 2米横向、平铺于池底或沟底，中间盖上适量稀泥，不仅可使水草更多地与泥土接触，促进水草生根，而且保障了水草对营养和光照的需求，避免了栽插法和堆草栽种法的易烂根、烂草以及成活时间长等缺陷。

2. 堆草栽种法

即将伊乐藻堆成直径20厘米左右一团，每隔4米，移栽一团，栽种时就近用稀泥盖在草团中间。

3. 撒播法

首先将伊乐藻的茎干切割成长10 ~ 15厘米的插穗，在池塘水抽干后，立即进行撒播；随后用笤帚轻拍伊乐藻插穗，使其浅埋于泥浆中，经过10 ~ 20小时沉淀，泥浆基本凝固后，向池塘注入深5厘米左右的浅水即可。撒播时，千万不可全田均匀撒播，要呈条带状撒播，要求条带宽度控制在30厘米以下，条带之间的间距6 ~ 8米；条带中的插穗要尽可能分布均匀，不可堆积在一起。

4. 栽插法

首先将伊乐藻茎干切成长10 ~ 15厘米的插穗，然后将插穗3 ~ 5根为一束插入泥中；栽插深度在2 ~ 3厘米；可采用单行或双行栽插，单行栽插时，株距控制在10 ~ 15厘米，行距控制在6 ~ 8米；采用双行栽插法时，株距控制在10 ~ 15厘米，小行距控制在20 ~ 25厘米，大行距控制在6 ~ 8米。栽插时，池塘水深度控制在5 ~ 10厘米。

四、水草管理

1. 调控水位

由于伊乐藻怕高温，因此，生产上可按“春浅、夏满、秋适中”的方法进行水位调控。

2. 适当施肥

伊乐藻喜底泥肥的池塘，故生长旺季为3 ~ 5月和9 ~ 11月，根据水体肥度适当追施生物有机肥1.5 ~ 2.5千克/亩。

3. 防止烂草

伊乐藻喜光照，水体过肥（透明度15 ~ 25厘米）时，水中光照条件差、藻体光合作用弱，下层水草开始腐烂，造成水体透明度更低，从而会造成整个水体水质恶化。如水体过肥，应及时换水，保持适宜的透明度。

4. 安全度夏

5月中旬在高温来临前，将伊乐藻上层部分割掉，根部以上仅留10 ~ 30厘米即可，防止水草腐烂，败坏水质。

第三节　轮叶黑藻栽培技术

轮叶黑藻（图9–2）又名节节草、灯笼草，因每一枝节能生根，故有“节节草”之称，广布于池塘、湖泊和水沟中，我国南北各省均有分布。以芽苞繁殖，水温10℃以上时，芽苞开始萌发生长。轮叶黑藻可移植、可播种，并且枝茎被河蟹夹断后还能正常生根长成新植株而不会死亡，再生能力特强，不会对水质造成不良影响，且河蟹也喜爱采食。因此，轮叶黑藻是河蟹养殖水域中极佳的水草种植品种。轮叶黑藻的缺点是耐低温能力较差，生长速度比伊乐藻慢。

图9–2　轮叶黑藻

轮叶黑藻的栽种期较长，从12月中旬至翌年7月均可栽种。12月中旬至翌年3月以芽孢播种，后期则直接进行水草移栽。依用途不同，播种量及方法各不相同。

一、种植时间

采用芽苞种植方式（图9-3），一般在2 ～ 3月；采用茎叶移栽方式，一般在4 ～ 5月。

图9-3　轮叶黑藻芽苞

二、种植方法

1. 芽苞种植

2 ～ 3月，选晴天播种，播种前加注新水至高于池底10厘米左右，每亩用种0.5 ～ 1千克，播种时应按行距、株距50厘米将3 ～ 5粒芽苞插入泥中，或者拌泥撒播。栽种芽苞时，芽苞不要入泥太深，以3厘米以内为好。

2. 茎叶移栽

4 ～ 5月，加注新水至高于池底10厘米左右，将轮叶黑藻的茎叶切成15 ～ 20厘米小段，然后像插秧一样，将其均匀地插入泥中，株行距20厘米 × 30厘米。茎叶应随取随栽，不宜久晒，一般每亩用种株60千克左右。也可以采取茎叶撒播的方式栽种水草，撒播时，只需在茎叶上压上少量泥土，不让其上浮即可，切忌撒播时将茎叶用脚踩入泥中。

三、水草管理

1. 施肥

在栽种之前可施一定量的基肥。具体用量依池塘底质而定，总的原则是：淤泥少多施，淤泥多少施，无淤泥的，需先施有机粪肥作基肥。追肥一定要等到见根须后再施，追肥可选择促进水草生长的商品肥料，采取见草点播的方式施肥。

2. 杀虫

轮叶黑藻的虫害较多，从3月份开始就会发生，应根据不同的害虫，选择针对性的药物及时处理。如若处理不当，可能3天左右所有水草就被虫吃光。

3. 控草

水草密度必须适宜，一般建议水草覆盖率不超过60%，但也不得少于40%。同时，在河蟹养殖期间，不得让水草露出水面。所以，及时刈割水草及草头以控制水草密度很重要。刈割后，根据土壤肥力，酌情追施促进水草生长的商品肥料。

4. 除青苔

轮叶黑藻常常伴随着青苔的发生，在养护水草时，如果发现有青苔滋生时，需要及时清除青苔。

第四节　苦草栽培技术

苦草（图9-4）又称扁担草、面条草，是典型的沉水性植物。苦草喜温暖，对土壤要求不高，具有很强的水质净化能力，在我国广泛分布于河流、湖泊等水域，分布区水深一般不超过2米，在透明度大，淤泥深厚，水流缓慢的水域，苦草生长良好。苦草在水底分布蔓延的速度很快，通常1株苦草一年可形成1 ~ 3平方米的草丛。6 ~ 7月是苦草分蘖生长的旺盛期，9月底至10月初达到最大生物量，10月中旬以后分蘖逐渐停止，生长进入衰老期。苦草的优点是河蟹喜食、耐高温、不臭水；缺点是利用率较低，容易遭到破坏。有些以苦草为主的养殖水体，在高温期不到1周苦草全部被河蟹夹光，养殖户捞草都来不及。捞草不及时的水体，水草腐烂导致水质恶化，继而引发河蟹大量死亡。

图9-4 苦草

一、种植时间

清明节前后，当水温回升至15℃以上时。

二、种植方法

按照实际种植面积，用种量为150克/亩。播种前向种植区加新水3 ~ 5厘米，最多不超过20厘米。选择晴天晒种1 ~ 2天，然后浸种12小时，捞出后搓出果实内的种子。清洗掉种子上的黏液，将种子与半干半湿的细土或细沙（按

1∶10）混合撒播，直接种在池底或环沟的表面上，采用条播或间播均可。搓揉后的果实其中还有很多种子未搓出，也撒入沟中。在正常温度18℃以上，播种后10 ~ 15天即可发芽。也可用潮湿的泥团包裹草种扔在池底或沟底。

三、水草管理

1. 苦草种植后水位不能太深

水位太深容易影响苦草进行光合作用，这对于苦草生长不利。

2. 及时捞出漂浮的水草

每天巡池时，及时把漂浮在水面的被夹断的苦草叶子清理出去，避免叶子腐烂败坏水质。

第五节　金鱼藻栽培技术

金鱼藻（图9–5）是多年生草本沉水性水生植物，生长于小湖泊静水处。该水草具有耐高温、再生能力强、嫩绿多汁的优点，河蟹特别爱吃，但草鱼、团头鲂不食，因此是适合河蟹养殖的优质水草。金鱼藻的缺点是旺发易臭水。根据这一特点，金鱼藻更适合在较大水域中栽培。

图9–5　金鱼藻

一、种植时间

5月后或10月后。

二、种植方法

1. 5月后种植

每年5月后，可捞新长的金鱼藻全草进行移栽。这时候移栽必须用围网隔开，防止水草随风漂走或被河蟹破坏。围网面积一般为10 ~ 20平方米/个，2 ~ 4个/亩，用草量100 ~ 200千克/亩。待水草落泥成活后可拆去围网。

2. 10月后种植

每年10月后，待成蟹捕捞基本结束后，可从湖泊或河沟中捞出金鱼藻全草进行移栽。此时进行移栽，因为没有河蟹的破坏，基本不需要进行专门的保护。用草量一般为50 ~ 100千克/亩。

三、水草管理

1. 水位调节

金鱼藻一般栽在深水与浅水交汇处，水深不超过2米，最好控制在1.5米左右。

2. 水质调节

水清是水草生长的重要条件。水体混浊，对水草生长不利，建议先用生石灰调节，将水调清，然后种草。发现水草上附着泥土等杂物，应用船从水草区划过，并用桨轻轻将水草的污物拨洗干净。

3. 除杂草

当水体中着生大量水花生、菹草时，应及时将它们清除，以防止影响金鱼藻的生长。

4. 防止水草过密

水草旺发时，要适当进行稀疏，防止水草过密无法进行光合作用而出现死草、臭水现象。

第六节 水花生栽培技术

水花生（图9-6）又称空心莲子草、喜旱莲子草，因其叶与花生叶相似而得名。水花生是水生或湿生多年生宿根性草本挺水植物，原产于南美洲，在我国长江流域各省的水沟、水塘、湖泊中均有广泛分布。水花生茎长可达1.5 ~ 2.5米，其基部在水中匐生蔓延。水花生适应性极强，喜湿耐寒，抗寒能力超过空心菜等水生植物，能自然越冬，气温上升至10℃时即可萌芽生长，最适生长气温为22 ~ 32℃。在5℃以下时其水上部分枯萎，但水下茎并不萎缩。水花生可为河蟹的蜕壳提供隐蔽场所，其根须是河蟹的优质饲料。水花生与沉水植物共生能起到很好的互补作用，对水草种植不够理想的蟹池，可以在6 ~ 7月高温季节前适度移植水花生。

一、种植时间

一般在水温达到10℃以上时向池塘内移植，2 ~ 7月均可

图9-6 水花生

移植。

二、种植方法

1. 固定种植法

在池塘斜坡处成簇种植在土里，约每8米栽一大簇，用竹竿与水花生下部绑定，将竹竿插入水底，使水花生底部在池底生根，并防止水花生呈毯状漂浮。

2. 挖穴种植法

在池塘斜坡或底部挖穴，每隔2米种植1行，每株间距0.5米左右，每穴种草0.5千克左右，种好后用泥盖好。

3. 拉绳种植法

选择生长健壮、每节有1 ~ 2个嫩芽和须根的植株作种，将草切成70 ~ 90厘米长茎段，3 ~ 5根为一束系在固定于水面的绳上即可。夹好植株后，调整绳的高度，使植株嫩芽露出水面为度。

4. 围圈种植法

用竹、木等材料做成围圈并进行固定，将水花生散养在围圈内，由于根不固定，可随时捞出，管理方便。

三、水草管理

因水花生的适应性特别强，而河蟹又不太爱吃，因此种植后要防止过分疯长而覆盖全池，导致产生负面影响。一般将覆盖率始终控制在不超过20%。

第七节　水蕹菜栽培技术

水蕹菜为旋花科一年生水生植物，又称空心菜，属水陆两生植物。水蕹菜的根是河蟹非常喜欢吃的食物。

一、种植时间

一般在4月初用播种的方法进行种植。

二、种植方法

4月初，在池埂上种植水蕹菜（图9–7），每隔5米种1棵，定期施肥促进水蕹菜生长。4月下旬至5月初再移栽到蟹池中。一般用木桩和绳子将水蕹菜固定在离岸1.0 ~ 1.5米处。根据池塘的宽窄，每边移栽2 ~ 3条水蕹菜带，每条间隔50厘米左右。使其植株延伸至水面，可作为浮水植物，高温期间可为水体遮阴降温。

图9–7 在池埂上种植水蕹菜

三、水草管理

当水蕹菜生长过密或发生病虫害时，要及时割去茎叶，让其再生，以免对河蟹养殖产生不利影响。

第十章 河蟹养殖常见问题答疑

第一节 蟹苗选购

一、选购蟹苗应注意哪些事项

1. 亲本质量

用于繁殖蟹苗的亲蟹，必须来源于国家级原种场或天然湖泊大水体中，且雌、雄蟹应来自不同的水域，避免近亲交配。雌蟹规格应不小于125克，雄蟹规格不小于150克。

2. 饲料种类

使用丰年虫（卤虫）培育的蟹苗，质量较好，而用淡水溞、蛋黄等代用饲料培育的蟹苗质量较差。

3. 育苗水体盐度

高盐度水体生产的蟹苗，如将它们直接移入淡水中，则蟹苗立即昏迷死亡，因此未经淡化的蟹苗不能购买。无论是天然苗还是人工苗，盐度必须淡化到4以下，才能较好地适应淡水生活。

4. 育苗阶段水温

育苗阶段水温要求保持在20 ～ 24℃，育苗池水温与养殖池水温温差在2℃以内，最多不超过4℃。在人工育苗时，有些单位为了缩短育苗周期，采用提高水温（保持25 ～ 26℃），以加速蟹苗变态发育，降低育苗成本。但这种高温苗对低温的适应能力差，到仔蟹培育阶段成活率很低。

5. 育苗阶段用药

在人工育苗时，旧的育苗工艺为了抑制弧菌等致病菌的繁殖，不得不反复使用土霉素等抗生素药物，以致产生药害。造成蟹苗蜕壳变态为仔蟹后，身体无法吸收钙质，甲壳无法变硬，仔蟹活动至池边而大批死亡。因此，购苗前需了解育苗单位是否反复使用抗生素，如蟹苗培育阶段长期使用抗生素，则其成活率极低。

6. 蟹苗日龄

蟹苗日龄最好在6日龄以上。蟹苗日龄过低（3 ~ 4日龄），甲壳软，经不起操作和运输时的挤压，仔蟹培育的成活率低。蟹苗日龄过高，则蟹苗已有部分蜕壳变态为Ⅰ期仔蟹，此时运输，仔蟹甲壳软，加上运输途中一部分蟹苗会蜕壳，它们容易被挤压而死亡，也容易被未蜕壳的蟹苗残杀，严重影响蟹苗运输成活率。

7. 蟹苗消毒

蟹苗出池前1天，最好用药物消毒1次，以杀灭一些有害生物，减少养殖期间病害的发生，同时也能淘汰部分体质较差的蟹苗。

8. 蟹苗捕捞方法

蟹苗捕捞时，应停气、停饵，采用灯光诱捕。这样捕捞的蟹苗杂质少，活力强。

二、什么是早繁苗

早繁苗一般是指在1 ~ 3月期间，抱卵蟹孵育出的大眼幼体。有人认为，4月20日前出池的蟹苗（长江中下游地区），培育幼蟹时尚需增加水温，此前培育出的大眼幼体可认为是早繁苗。

三、生产上早繁苗有什么优点和缺点

1. 优点

（1）缓解苗种需求　20世纪80年代前后，成蟹市场看好，河蟹苗种供不应求，长江流域的有些单位在2 ~ 3月就进行河蟹人工育苗，培育仔蟹，目的是当年养成成蟹上市。当时对缓解河蟹苗种需求，缩短河蟹养殖周期发挥了积极作用。

（2）实现错峰上市　一般河蟹上市时间集中在10 ~ 11月，

12月到春节期间属于市场空白期，采用早繁苗当年养成成蟹模式可以延长河蟹销售期，弥补市场空白。

2. 缺点

由于2 ~ 4月进行仔蟹培育，必须在室内加温水泥池或塑料大棚土池培育，不仅投资大，而且仔蟹在密集、低温条件下，病害多、生长慢、成活率低；同时蟹苗当年养成成蟹，出池规格一般均在100克/只以下，有部分甚至仅30 ~ 50克/只，其经济价值低。随着河蟹育苗技术及成蟹暂养技术的成熟，目前生产上仅少数地方采用早繁苗当年养成成蟹模式。

第二节　蟹种培育

一、什么叫早熟蟹

1龄蟹种收获时，部分较大规格个体的蟹种外部形态、副性征已与成熟蟹相同、性腺已完全或接近成熟，这种个体的蟹种被称为早熟蟹（图10-1），也称性早熟蟹种或小绿蟹。早熟蟹放养后往往蜕壳不遂而死亡，即便不死亡，其生长速度也很慢。

图10-1　早熟蟹

蟹种性早熟是蟹种培育中的一大难题，也是直接制约河蟹养殖生产发展的一个重要因素。在生产实践中发现，蟹种培育过程中，如不采取有效技术措施进行控制的话，所培育的蟹种中，性早熟蟹种一般占蟹种总数的20%左右，部分超过30%，少数甚至达到50%以上。由于性早熟蟹种不能继续生长，因此不能作为蟹种用；而个体一般又较小，食用价值不大，作为商品蟹售价很低。由此可见，在蟹种培育过程中，采用技术措施控制蟹种性早熟现象的出现是十分必要的。

二、造成早熟蟹的主要原因是什么

1. 育种池塘过大

育种池塘小而适宜，幼蟹相对集中，饲料容易做到均匀投喂，每只幼蟹获取饲料的概率也越高，幼蟹规格相对更均匀。池塘越大，幼蟹相对分散，饲料投喂无法实现全覆盖，时间长了，蟹种则会逐渐出现规格分化较大的局面，小的成为懒蟹，大的成为早熟蟹。

2. 密度过低

幼蟹密度过低，容易造成蟹种营养过剩，规格偏大，早熟蟹比例大幅度提高。

3. 营养过剩

河蟹的性腺重量与其肝脏重量是成反比的。在幼蟹阶段，其性腺小、肝脏重，其中雌蟹的肝脏为卵巢重量的20 ~ 30倍；当成蟹阶段进入生殖洄游时，其性腺发育迅速，雌蟹的卵巢逐渐接近肝脏的重量；当进入交配产卵阶段，雌蟹卵巢的重量已明显超过肝脏。在江河、湖泊中生长的蟹种，其胃内的食物组成主要以植物性饲料为主，饲料质量差，故生长较慢，肝脏体积小，性腺发育处于停滞状态。而池塘培育的蟹种，投饲量多、质量好，一些养殖户或养殖单位为使河蟹快速生长，从蟹苗放养之日起就一直投喂蛋白质含量很高的动物性饵料和精饲料。由于营养过剩，致使蟹种肝脏的体积迅速增大，并加速向性腺转化，以贮存多余的营养物质，于是出现生长快、个头大的性早熟蟹种。

4. 有效积温过高

有效积温过高，会导致鱼类、爬行类、鸟类性早熟，这在理论和实践中均已被证实。同样将长江水系河蟹蟹苗运到珠江流域水体中放养，则它们当年就达性成熟（一般规格为60克/只左右），即可参加降河洄游。而将长江水系河蟹蟹苗运到北方辽河流域水体中放养，则它们要到第三年才达性成熟。可见，有效积温高低能影响河蟹的性腺发育。在蟹种培育过程中，夏季高温期如果池塘水温超过30℃，其新陈代谢水平高，摄食量大，生长速度加快，当肝脏贮存养分过多时，便向性腺转化，促使性腺快速发育，从而导致性早熟。

5. 放养蟹苗过早

如果河蟹的人工繁殖季节过早，4月甚至更早就生产出蟹苗，这些蟹苗必须用塑料大棚保温才能正常生长，否则在自然条件下若遇低温极易死亡，它们的生长期比天然蟹苗要早一个半月到两个月，其当年的有效积温也相对增加，这等于延长了河蟹当年的生长期，如果培育时处理不当，也容易产生性早熟蟹种。

6. 盐度过高

目前，蟹种培育多集中在沿海地区，这些地方盐碱地多，较高的盐度刺激了河蟹的性腺发育，促使蟹种性早熟。以上海崇明岛为例，其长江北部沿岸水体的盐度一般为1 ~ 3，比长江南部沿岸水体（纯淡水）的高，其东部又比西部的盐度高，因此蟹种培育中，性早熟蟹种的出现率也是长江北部沿岸的比长江南部沿岸的高，东部也比西部的高。

三、如何防止产生早熟蟹

1. 改善生态环境

在育种池中栽种一些水生植物，如投放水花生等，面积可为水体的1/3 ~ 1/2。水草不但可供蟹苗摄食、隐蔽附着蜕壳、降温，而且水草丛中还可滋生许多水生动物，增加蟹苗的天然饵料，同时水草还可吸收水中的氮、磷，起到净化水质的作用。

2. 科学投喂饲料

饲料要荤素搭配，防止动物性饵料投喂过多，蟹种营养过剩导致性早熟。建议全程使用颗粒饲料，并根据不同生长阶段投喂蛋白质含量不同的颗粒饲料。投喂要均匀、适量，防止饲料不足而导致幼蟹相互残杀，降低蟹种培育成活率，或过度投喂造成水质恶化。

3. 降低积温

要控制好培育池水温，防止积温过高，夏天水深保持不低于80厘米，水草覆盖率控制在60% ~ 70%，可以有效控制水温过高。

4. 适当晚放苗

若放养人工繁殖的蟹苗，其放养时间应尽量接近天然蟹苗，一般以放养6月中旬以后的蟹苗为宜，最早不要早于5月份。

5. 选择纯淡水水体

目前，虽然蟹种培育多集中在沿海地区，但这些地方还是有不少水体为纯淡水，选择纯淡水池塘培育蟹种，性早熟蟹种的出现率会显著下降。

6. 育种池塘不宜过大

培育池面积一般1 ~ 3亩，最大不超过5亩。育种池塘面积过大，懒蟹和早熟蟹的比例会明显上升。

7. 控制幼蟹密度

为减少蟹种早熟蟹的比例，蟹苗下塘后要观察生长发育状况，如果幼蟹培育成活率过低、密度过稀，要及时补充同规格幼蟹，保证每亩有6万 ~ 8万只Ⅴ期幼蟹。

四、什么叫懒蟹

在蟹种培育过程中，常有一些仔蟹前期在洞穴里懒得出来活动、觅食，后期虽能觅食，但不蜕壳、不长大，到蟹种捕捞时，其规格在500只/千克以上，少数仍停留在Ⅲ ~ Ⅴ期仔蟹阶段，达不到蟹种的规格要求，失去了成蟹养殖的价值，生产中称之为懒蟹。

五、造成懒蟹的主要原因是什么

1. 养殖水体溶解氧含量太低

河蟹要求水中溶解氧含量保持在5毫克/升以上。当水中溶解氧含量低于3毫克/升时，河蟹会上岸栖息。时间一长，它就在岸上洞穴里生活，不再下水觅食。

2. 养殖水位变动频繁

养殖水位时高时低，有的河蟹在水位上升时打洞穴居，水位下降后来不及向下迁徙，只得长期居于洞中。

3. 水中缺少水草

水体溶解氧含量较低时，河蟹往往离开水体，呼吸空气中的氧气。如果水中有水草，河蟹就能爬上去。如果水中无水草，河蟹只好往岸上爬，在岸上打洞穴居。

4. 饲料投喂不均匀

河蟹养殖过程中投喂饲料不均匀，部分河蟹吃不到饲料，时间长了，这部分河蟹就缩在洞里，不肯出来觅食。

六、如何预防和控制产生懒蟹

1. 避免环境剧烈变化

每隔3 ~ 4天换1次水，换水时不宜大排大灌，每次换水量为池水的1/5左右，避免造成水温、水质变化过大。夏天适当提高水位，以保持水温相对稳定。

2. 加强增氧

育种池必须配套微孔增氧机，闷热天气和连绵阴雨天气要勤开增氧机，确保水中溶解氧含量不低于3毫克/升。

3. 饲料投喂均匀

育种池面积不宜太大，投喂点数量应根据池塘大小、河蟹数量合理确定，饲料投喂力求均匀、适量。

4. 增加附着物

在池塘中设置水花生带，当水体溶解氧含量较低时，河蟹能顺着水花生爬上去离开水体，呼吸空气中的氧气。

5. 控制放养密度

蟹苗放养密度过大，会导致部分河蟹吃不到饲料，长期缩在洞里，不肯出来觅食，最终变成懒蟹。

七、怎样搞好蟹种越冬的饲养管理

蟹种大都在培育池中度过漫长的冬季，因此，必须做好越冬准备和冬季饲养管理工作。

1. 越冬前的准备

（1）强化投喂　在蟹种进入越冬休眠期前，应强化投喂，让蟹种积累一定能量，以供休眠期的消耗。投喂多以动物性饵料为主，如海（淡）水小杂鱼、小虾、蚌肉、螺蚬肉、蚕蛹、各种动物的下脚料、畜禽血、鱼粉、昆虫幼体、浮游动物、丝蚯蚓等，也可投喂添加动物性饵料的人工配合饲料。要尽量延长投喂期，不能因整体摄食量下降而过早停止投喂。

（2）调控水质　蟹种对水质的要求比鱼种高，对水质的污染也更敏感。蟹种喜欢生活在水质清晰透明、水草茂盛的微碱性或中性的水域中。池水适宜的pH为7 ~ 9，最适pH为7.5 ~ 8.5。pH过低，会导致蟹种蜕壳不遂。但pH忽高忽低，变动幅度过大也会影响蜕壳，池水水深应不低于1米，溶解氧含量应保持在5毫克/升以上。溶解氧含量过低，会导致河蟹不摄食、不蜕壳。

（3）防寒保湿　蟹种自身打洞穴居的能力较弱。在池塘养殖条件下，蟹种打洞穴居越冬难度则更大。可因地制宜采取下列补救措施：一是加深水位，增加水花生等水草覆盖面及深度；二是人工杆插巢穴，如设有蟹岛的池，可在岛上用砖瓦等材料筑好巢穴后，加深水位，使巢穴沉浸水中，以供蟹种栖息；三是在蟹池的背阳面建筑挡风墙，有条件的可将塑料薄膜覆盖在池上。

2. 越冬期间的管理

（1）水质管理　保持适宜的水位，适时换水，并定时施用适量生石灰，以防水质偏酸。一旦表层结冰，应及时破冰，以防缺氧。若棚架上积雪较多，应及时清除，同时应避免雪水进入池中。

（2）坚持巡塘　每天坚持巡塘，防鼠害，防偷盗。

（3）做好生产记录　每日测水温、气温，记录当日天气情况。

3. 越冬后的要求

（1）不宜过早分池　经过漫长的冬眠期后，蟹种体质减弱，所以不能提早分池和长途运输，避免造成损失。

（2）科学投喂　尽早开食，投喂动物性饵料，以使蟹种尽早恢复体质。

第三节　商品蟹养殖

一、蟹池中是否可以混养其他鱼类

池塘混养必须遵循以下3个原则。

1. 凡是与主养对象在饲料上有矛盾的种类不能混养

河蟹的食性为杂食性，以河蟹为主的成蟹池，不能混养草鱼、团头鲂等草食性鱼类以及鲤、鲫等杂食性鱼类，而鲢、鳙等滤食性鱼类以及细鳞斜颌鲴等腐屑食物链鱼类可以混养。但由于河蟹池水草多，池水较清瘦，故混养数量不宜多。通常，每亩混养100 ~ 150克/尾的鲢、鳙鱼种20 ~ 30尾。

2. 凡是会残食主养对象的种类不能混养

肉食性鱼类中，青鱼、斑点叉尾鮰、鲇、乌鳢等会残食河蟹，故不能混养，但鳜、黄颡鱼、沙塘鳢、翘嘴红鲌等肉食性鱼类不会残食河蟹，因此可以混养。此外，养蟹池不能混养鳖，鳖是养蟹池的敌害生物，不能混养。

3. 凡是与主养对象存在空间竞争的种类不能混养

河蟹为生活在水体底层的甲壳动物，因此鲤、鲫、青鱼等底层鱼类不能混养，青虾、南美白对虾、翘嘴红鲌、鲢、鳙等可以混养。

二、蟹池中混养鳜有哪些优点

1. 可清除野杂鱼类，变害为利

养蟹水体由于经常加水、换水和投入水草，难以避免地从天然水域中带进了一些野杂鱼、虾，它们与河蟹争食、争氧、争空间。通过混放一定数量的鳜后，形成河蟹残饵被野杂鱼、虾利用，鳜将其捕食，起到减少耗氧、腾出空间、净化水质、促进河蟹生长以及提高河蟹产量、规格、品质和增加名贵商品鱼的目的。

2. 投入少、见效快、效益好

当年5 ~ 6月在蟹池中放养鳜鱼种15 ~ 30尾，每亩仅需30元左右的苗种费，不再增加其他成本，可产商品鳜7.5 ~ 15千克，加上提高河蟹的规格和产量10%左右，每亩可增收300 ~ 500元，高的能达700元以上。

3. 有利于充分利用水体

根据鳜的摄食习性，蟹池中混养的鳜不会对河蟹造成任何危害，蟹池中合理安排不同生态位的养殖品种，使其相安而居，让各营养级上的物质能量得到进一步转化利用，在池塘有限的养殖时间和空间内容纳更多的生物量。

4. 有利于环境保护

由于混养比单一养殖放养密度低，通过栽种水草、投放活螺蛳、应用微生态制剂等技术措施，生存环境条件好，养殖期间病害明显减少，降低了用药防病治病的成本，避免了药残和对环境造成污染的问题，水产品质量安全得到了保障。

三、微孔底层增氧的主要优点有哪些

微孔底层增氧技术，有效地解决了高密度、工厂化、集约化水产养殖的增氧难题，尤其在河蟹健康养殖中发挥了重要作用，逐渐受到养殖户的欢迎与青睐。

1. 增氧效率高

由于从微孔管内产生的气泡小、密，上浮流速低，与水接触时间长，因而氧的传导效率极高。

2. 促进池塘生态良性循环

微孔底层增氧是从池底增氧，因而有效地防止了池底厌氧层的产生，水底微生物的分解物迅速得以转化。

3. 节能

微孔底层增氧设施每亩配置的动力仅为传统增氧机的1/3，因而节能效果显著。

4. 减少病害

由于养殖水体环境改善，因而由氨氮、亚硝酸盐超标等水质不良引起的疾病大大减少。

5. 生产安全

微孔底层增氧系统主机在岸上工作，因而不易漏电，不会对人和鱼、虾、蟹产生潜在的危害，同时也不会给水体带来噪声，避免对鱼、虾、蟹产生惊扰。

四、微孔底层增氧系统由哪些部分组成

微孔底层增氧系统包括主机、主管道、充气管道等。

1. 主机

选择罗茨鼓风机，因为它具有寿命长、送风压力高、送风稳定性和运行可靠性强的特点。国内常见的罗茨鼓风机有7.5千瓦、5.5千瓦、3.7千瓦、2.2千瓦等型号。

2. 主管道

有两种选择，一是镀锌管，二是PVC管。由于罗茨鼓风机输出的是高压气流，所以压力很高，多数养殖户采用镀锌管与PVC管交替使用，这样既保证了安全，又降低了成本。

3. 充气管道

主要有三种，分别是PVC管、铝塑管和微孔管（又称纳米管），其中，以PVC管和纳米管为主。

五、蟹池安装微孔底层增氧设施时要注意哪些问题

1. 动力主机位置尽量远离池塘

河蟹蜕壳生长要求环境相对安静，微孔增氧机虽然噪声影响不大，但应尽量设置在远离池塘的位置，为河蟹养殖蜕壳提供安静的环境。鼓风机的主机在设置时应注意通风、散热、遮阴和防淋雨。

2. 微孔管道尽量保持在同一水平面

橡塑集成微孔管道应尽量保持在同一水平面，以利各增氧点有气供给；如确实无法做到，考虑蟹池深浅不一，增氧机可适当提高功率，达到3.5千瓦以上。

3. 经常开机使用

微孔增氧机安装结束后，应经常开机使用，防止微孔堵塞。每年冬季捕捞结束后，应及时清洗。

4. 多开机、避免闲置

管道微孔增氧机负荷面积大，是叶轮式增氧机的2 ~ 4倍，用电相对较少，养殖户应多开机，避免闲置。

5. 注意管道长度

微孔增氧机使用时发出的尖叫声比较大，出气管发热烫手，说明管道上微孔数量不够，应增加管道长度，增加曝气总量。

6. 注意重点区域

蟹池浅层水域溶解氧充足，高温期间河蟹喜欢待在深层水域，因此，曝气管重点布在深的水域，以更好地适合高温期河蟹栖息对溶解氧和水温的要求。

六、微孔底层增氧设施安装出现的常见问题有哪些

1. 主机发热

由于水压及PVC管内注满水，两者压力叠加，主机负荷加重，引起主机及输出头部发热，导致主机烧坏或者主机引出的塑料管发热软化。解决办法：一是提高功率配置；二是主机引出部分采用镀锌管连接，长5 ~ 6米，以减少热量的

传导。

2. 功率配置不科学

养殖户没有将微孔管与PVC管的功率进行区分，笼统地将配置设定在0.25千瓦/亩，结果不得不中途将气体放掉一部分，浪费严重。一般微孔管的功率配置为0.25 ~ 0.3千瓦/亩，PVC管的功率配置为0.15 ~ 0.2千瓦/亩。

3. 铺设不规范

主要有充气管随意排列，间隔大小不一，有8米及以上的，也有4米左右的；增氧管底部固定随意，生产中出现管子脱离固定桩，浮在水面，降低了使用效率；主管道安装在池塘中间，一旦管子出现问题，更换困难；主管道裸露在阳光下，老化严重等。不论微孔管还是PVC管，合理的间隔为5 ~ 6米。

4. 出气孔孔径太大

PVC管的出气孔孔径太大，会影响增氧效果。一般出气孔孔径以0.6毫米大小为宜。

七、微孔增氧管应该如何维护

一是微孔增氧管不能露出水面，不能靠近底泥，否则应及时调整。二是如果发现微孔增氧管破裂，应及时修复。三是池塘使用微孔增氧管一般不会堵塞，如因藻类附着过多而堵塞，晒1天后轻打并抖落附着物，或采用20%的洗衣粉浸泡1小时后清洗干净，晾干再用。

八、微孔底层增氧设备的日常管理工作包括哪些

1. 经常检查

经常巡塘检查，如发现增氧设施运转有故障或有损坏，应立即修理。

2. 检测水质

可用溶解氧仪器定时测定溶解氧情况、充氧效果，并做好记录，以便采取相应措施。

3. 确定开机时间

根据溶解氧变化规律，确定开机增氧的时间和时段：如水体上层溶解氧在日出之前出现极小值，应在日出之前1～2小时开机增氧2～3小时。如在其他时间发现浮头，河蟹上草、上岸，应及时增氧。溶解氧在日落之前出现极大值，晴天下午就可停止增氧。

第四节　河蟹养殖管理

一、成蟹饲养期间可以投喂哪些饲料

河蟹食性杂，而且比较贪食。为了保障河蟹能获得充足的食物，除种草补充饲料外，还需要投喂适量的饲料。饲料种类一般可以分为以下三种。

1. 植物性饲料

有米糠、麦麸、黄豆、豆饼、小麦、玉米及嫩的青绿饲料，南瓜、山芋、瓜皮、小麦、玉米等需煮熟后投喂。

2. 动物性饵料

有小杂鱼、轧碎的螺蛳、河蚌肉等。

3. 配合饲料

根据不同的生长阶段投喂相应的配合饲料，在饲料中需要添加适量的蜕壳素、多种维生素、免疫多糖等，以满足河蟹的生长和蜕壳的需要。

二、成蟹饲养期间如何确定饲料投喂量

当蟹种刚入池时，饲料投喂量较少。随着河蟹生长，投喂量需要不断增加，具体的投喂量要综合考虑天气、水温、水质等因素进行调整。由于河蟹不断长大，养殖户根本无法准确掌握河蟹的存塘量。因此，在生产实践中，养殖户可以采用试差法来确定饲料投喂量。具体方法是：在第二天投喂饲料前，先检查前一天所喂的饲料情况。如果看到所投喂的饲料完全没有

了，且池塘中有水草漂起来或水变混浊现象，说明上次投喂量偏少，需要增加投喂量。如果只剩下少量饲料，说明投喂量基本上够了。如果饲料剩余不少，说明前一天饲料投喂量过多，需要减少饲料投喂量。如此操作3天，就可以相对准确地确定饲料投喂量。

三、养殖河蟹时如何判断饲料是否投喂不足

当水体中的饲料供应不足时，不仅会严重影响河蟹的生长速度，而且河蟹之间会互相残杀，主要是硬壳蟹捕食刚蜕壳的软壳蟹以及大规格河蟹捕食小规格河蟹，所以互相残杀是阻碍产量提高的重要原因之一。判断河蟹养殖时饲料投喂不足的方法如下。

1. 看水质

在饲料不足的情况下，河蟹会四处寻找食物，活动量明显增加，将水搅浑，产生泥浆浑的水质。这种水质浑浊有一定的规律：一般是投喂饲料后水质逐渐变清，在下一次饲料投喂之前水质又逐渐变浑浊。由于河蟹养殖都是早、晚投喂，具体表现就是上午逐渐变清，下午逐渐变浑。

2. 看水草

河蟹属于杂食性动物，在饲料缺乏的情况下会主动摄食水草。在池塘养殖河蟹的情况下，很多池塘内种植的水草品种以伊乐藻为主，这种水草河蟹不太喜欢吃。当池塘内出现大量被夹断的水草（图10-2），尤其是伊乐藻时，就表示饲料投喂量明显不足，需要适当增加投喂量。

3. 看活动情况

在水质良好、饲料充足的情况下，河蟹一般不会上岸、上草。如果河蟹晚上频繁上岸、上草活动寻找食物，也表明饲料投喂量明显不足，需要适当增加投喂量。

四、河蟹自相残杀的原因是什么

在河蟹的养殖过程中，经常会因为河蟹的自相残杀现象比较严重而导致成活率比较低。因此在养殖过程中，减少河蟹的

图10-2 池塘内出现大量被夹断的水草

自相残杀是提高河蟹产量的前提。产生自相残杀现象的原因主要如下。

1. 养殖密度过高

河蟹有占地盘的习性，因此相互之间必须保持安全距离。当两只河蟹之间的距离小于安全距离时，河蟹为了保护地盘就会发生自相残杀现象。河蟹越大，安全距离也越长，所占的地盘相应地也越大。在河蟹的养殖过程中，养殖密度过高就会导致其自相残杀。

2. 饲料投喂不足

河蟹比较贪食，当养殖水体中饲料不足时，河蟹就会出现严重的自相残杀现象。

3. 苗种规格不一

很多养殖户在购买河蟹苗种时分批购进苗种，导致苗种的规格大小不一，这对生产十分不利，因为河蟹的自相残杀现象十分明显，经常出现大规格河蟹吃小规格河蟹的现象。

4. 蜕壳时缺乏隐蔽物

河蟹从蟹种阶段到商品蟹养成阶段需要蜕壳5次，蜕壳是河蟹生长发育、增重和繁殖的重要标志，每蜕壳1次，它的身体就长大1次。蜕壳一般在洞内、草丛中或其他隐蔽物中进行。刚完成蜕壳时，河蟹身体柔软无力，这时最易受到攻击，蜕壳后的新壳一般需要几小时才能硬化。如果蜕壳期间养殖水体中缺乏水草或其他隐蔽物，刚蜕壳的软壳蟹就会被硬壳蟹吃掉。

五、如何防止河蟹自相残杀

1. 控制合理的养殖密度

建议投放蟹种时，密度控制在1000只/亩左右，最多不要超过1500只/亩。

2. 投喂充足的饲料

要观察饲料投喂量是否充足并根据天气、河蟹生长阶段等具体情况适当调整投喂量，确保河蟹吃饱、吃好以避免自相残杀。

3. 投放规格整齐的苗种

同一养殖水体在投放苗种时尽量做到规格整齐，尽量减少大规格河蟹吃小规格河蟹的现象发生。

4. 设置足够的隐蔽物

一般在养殖水体种植大量水草为河蟹蜕壳提供充足的隐蔽物，要求水草种植面积占养殖水体面积的50% ~ 60%。

六、河蟹养殖过程中密度过大该怎么处理

河蟹密度过大会产生破坏养殖环境、生长速度缓慢、容易发生病害等不良后果，最后会严重影响经济效益。河蟹密度过大的处理方法如下。

1. 加强增氧

溶解氧水平是影响河蟹产量高低的决定性因素。溶解氧含量过低，河蟹不仅生长速度缓慢，而且特容易发生病害。因此，河蟹密度过大时一定要加强增氧，这样才能提高河蟹的产量和规格。

2. 提供足够的隐蔽物

通过种植大量水草为河蟹蜕壳提供充足的隐蔽物，要求水草种植面积占养殖水体面积的50% ~ 60%。

3. 定期改良底质、调节水质

通过定期使用微生态制剂改底、调水，减少池底残留的饲料、粪便等有机物的积累，为河蟹的生长创造一个良好的生态环境。

4. 加大投喂量

通过投喂充足、优质的饲料，保障河蟹的营养供给，减少其对水草的破坏。

七、影响河蟹蜕壳的主要原因有哪几种

1. 缺钙

河蟹出现蜕壳少或软壳现象较多的原因，一般多见于缺钙，可通过及时补充钙并加强换水来解决。

2. 缺乏微量元素

微量元素缺乏也会导致河蟹出现蜕壳困难，大多出现在多年养殖且换水较少的老池塘。解决办法就是及时补充微量元素肥并加强换水。

3. 水过浅

水太浅会导致水温过高，超出河蟹适宜的温度范围，导致河蟹蜕壳困难。

4. 水草过少

河蟹喜欢弱光怕强光，而水草少或无水草的水体，会由于光照强度过高造成河蟹不蜕壳。

5. 营养不良

长期投喂单一饲料、劣质饲料的水体，河蟹因长期营养不良会出现软壳或蜕壳不遂的现象。解决办法就是饲料多样化或投喂河蟹全价饲料。

6. pH值过高、过低或波动过大

水草过多、水体光照不足等因素造成水体pH值长期偏高、

偏低或波动过大，使河蟹无法适应，这是影响河蟹蜕壳的重要原因。

7. 水质、底质不好

长期忽视调节水质、改良底质方面的工作，造成河蟹生存环境恶劣，会导致河蟹蟹壳软薄、活力低下、生长缓慢、食欲不振等现象。

8. 密度过大

河蟹有占地盘、自相残杀的习性，当养殖密度过大时，河蟹会产生强烈的应激反应，会出现蜕壳困难的现象。解决方法是适当降低密度。

八、河蟹高温期能蜕壳吗

河蟹蜕壳和其生长环境密不可分，影响河蟹蜕壳的主要因素包括水温、水深、水质、溶解氧、水草覆盖率、钙等。

高温期河蟹能否蜕壳，主要受水温影响，而水温与水深、水草覆盖率密切相关。只要养殖河蟹的水体中水温合适、溶解氧充足、钙不缺，河蟹还是会正常蜕壳的。如果水温过高、溶解氧过低、钙缺乏、水草过少或过多造成生存环境不好，河蟹就可能不蜕壳或推迟蜕壳。

要想保证高温期河蟹能正常蜕壳，重点做好以下几个方面的工作。

1. 适当增加水深

高温期将水位加高至1.2 ~ 1.5米，避免因水深不足导致水温过高影响河蟹蜕壳。

2. 控制水草覆盖率

河蟹喜欢弱光怕强光，水草覆盖率建议控制在50%左右。水草过少会造成水温过高、光照强度过强导致河蟹不能正常蜕壳。水草过多在阴雨天会造成水中溶解氧含量过低导致河蟹因缺氧上草、上岸；在晴天会造成水中pH波动过大影响河蟹的蜕壳和生长，尤其是刚蜕壳的软壳蟹难以变成硬壳蟹。

3. 适当补充钙及微量元素

河蟹缺钙或微量元素缺乏就会出现蜕壳困难或软壳现象，生产中可通过及时补充钙、微量元素并加强换水来解决。

第五节　河蟹病害防治

一、如何判断药物治疗河蟹疾病的效果

使用药物治疗河蟹疾病有没有效果通常可以从以下几个方面进行判断。

1. 死亡数量

在投药后的3 ~ 5天，如果选用的药物合适，患病河蟹每天的死亡数量会逐渐下降。如果用药5天后河蟹的死亡数量仍然未出现下降的趋势，就可以判断用药无效。

2. 运动状态

健康的河蟹一般运动比较频繁，而患病后的河蟹大多是离群缓慢爬行、静卧在水底不动或者是上草、上岸不下水。采用拌药饵投喂的方式给药时，由于出现了病症的河蟹大多已经停止摄食，因此难以获得理想的治疗效果；采用药液浸浴的方式对于症状较轻的河蟹治疗效果相对较好，但对于症状较严重的河蟹治疗效果一般较差。如果选用的药物合适，患病河蟹的运动状态会逐渐改善。

3. 摄食量

患病后的河蟹摄食量一般都会下降，如果选用的药物合适，用药后摄食量一般会逐渐恢复到健康时的摄食水平。

4. 症状

不同疾病的典型症状各不相同，如果用药后相关症状得到改善或者消失，就可以判断药物治疗是有效的。

5. 病原菌保有率

在发病的前期和发展期，河蟹群体中的病原菌保有率相对较高，随着患病症状的逐渐改善，病原菌保有率也会逐渐下

降。药物治疗效果的判断不仅要依据死亡率的下降和临床症状的改善或消失，有条件的养殖企业还需要通过检查河蟹群体中的病原菌保有率的高低，从细菌学角度判断是否已经取得明显效果。

二、哪些物质会导致河蟹中毒

引起河蟹中毒的物质以化学物质为主，主要有三类：一是池中有机物腐烂分解，产生大量氨氮、硫化氢、亚硝酸盐等物质；二是工业污水排放，工业污水中含有汞、铜、锌、铅等重金属元素，石油和石油制品，以及其他有毒性的化学物品，会导致河蟹中毒、生长缓慢；三是农药、化肥、其他药物用水排入池中，如有机磷农药、敌百虫、敌杀死等，能引起河蟹肝胰脏发生病变，引起河蟹慢性死亡。

三、河蟹中毒的症状有哪些

根据发病情况，中毒症状可分为两类：一类是发病慢，出现呼吸困难、摄食减少、零星死亡，可能是池塘内有机质腐烂分解引起的中毒；另一类是发病急，出现大量死亡、尸体上浮或下沉，在清晨池水溶解氧含量低下时更明显。解剖河蟹时可见鳃丝组织坏死变黑，但鳃丝表面无有害生物附着，镜检没有寄生虫、细菌。

四、河蟹中毒的防治方法有哪些

（1）调查蟹池周围的水源，看有无工业污水、生活污水、稻田污水等排入，是否因污水的流入而改变池水的来源。

（2）将活蟹转移到经清池消毒的新池中去，并冲水增加溶解氧含量，以减少损失，或排注没有污染的新水稀释。

（3）清理污染源，清理水环境，选择符合生产要求的水源，对水源送样请环保部门进行监测，看污水排放是否达标。

（4）对有机质分解引起的中毒，可在市场购买专用解毒药物全池泼洒进行处理，可以有效缓解中毒症状。

五、河蟹应激反应产生的原因有哪些

河蟹应激反应是指由河蟹的生长环境发生改变所引发的不适症状。其直接的危害是河蟹体质变弱，更容易被各种病原体感染，间接可造成河蟹生病甚至大量死亡。

河蟹应激反应产生的原因主要有加水、苗种放养、割草、天气变化大等。

六、如何预防加水产生应激反应

当加深养殖水体的水位时，随着新水的进入，水位增加后水底压力相应增大，另外在进水口附近，水会将泥沙冲起造成水质浑浊，进而影响整个水体的生态环境，所以在加水时非常容易导致河蟹产生应激反应。预防方法：一是每次加水量为1/5 ~ 1/3，尽量避免一次性加水过多，在需要提升较高水位时建议分几天完成，这样可有效降低河蟹的应激反应；二是加水时泼洒抗应激药物，降低河蟹应激反应强度；三是加注新水时在入水口垫一层水泥瓦或胶膜等，避免进水直接冲击底层土壤造成水质浑浊。

七、如何预防苗种放养产生应激反应

苗种放养是最容易导致河蟹产生应激反应的行为，针对这种情况，养殖户在进行苗种放养时尽量采取以下措施：一是苗种放养前对水体提前进行改底、解毒、培藻、培菌；二是使用抗应激药物进行短时间泡苗或在拟进行苗种放养的水域泼洒抗应激药物，提高苗种抗应激能力；三是分散进行苗种放养，避免河蟹苗种局部密度过高产生应激反应。

八、如何预防割草产生应激反应

割草是水草管理中最常见的操作方法。采用人工割草会显著改变水体的生态环境，但是割草时动静大，会使河蟹受到惊吓产生应激反应。针对这种情况，养殖户在进行割草时可以采取以下措施：一是在人工割草后采取改底、解毒、补菌、补藻等措施，尽快恢复原有生态环境；二是有条件的尽量使用割草机进行割草，避免人工下水操作时对水体环境造成破坏；三是适量使用控制水草生长方向的肥料，使水草根茎生长得更加粗壮，降低其向上生长的速度，以减少割草次数；四是对于水体中的水草可以采取分区域割草的方法，2 ~ 4次（天）完成整个割草操作，避免一次割草过多，导致水体生态环境变化过大。

九、如何预防天气变化大产生应激反应

天气发生剧烈变化，可能会导致水体的藻类结构发生改变，还有可能出现有机质增多、溶解氧减少、有毒有害物质增多等问题，导致河蟹出现应激反应。针对这种情况，养殖户可以采取以下措施。

1. 加深水位

在天气发生剧烈变化之前适当加深水位，水体总量增多有助于提高生态环境的稳定性。

2. 补充藻种

硅藻和小型绿藻是水产养殖中非常理想的藻类，在天气发生剧烈变化之前适当补充硅藻和小型绿藻，通过培养有益藻类来稳定水质，使水色呈茶褐色、嫩黄色或嫩黄绿色，有助于提高生态环境的稳定性。

3. 补充有益菌

有益菌在水体中可以发挥分解有机质、调节藻相、提供碳源等作用，因此，定期在河蟹养殖中投放乳酸菌、枯草芽孢杆菌、复合菌等有益菌种，能显著提高生态环境的稳定性。

第六节　河蟹敌害防控

一、河蟹的主要敌害生物有哪些

很多养殖户在养殖河蟹过程中发现：池塘或稻田的河蟹苗种投放不少，防逃设施没有破损，河蟹也没有出现明显的死亡

现象，但河蟹的产量却很低。很可能是因为池塘或稻田中河蟹的敌害生物过多造成的，例如一只老鼠一夜可吃掉上百只幼蟹。那河蟹的主要敌害生物有哪些呢?

河蟹的敌害生物可以说天上、地下、水中都有，最主要的有以下几种：天上飞的有苍鹭、鸬鹚、翠鸟、麻雀等为代表的鸟类；地上爬的有老鼠、蛇、青蛙、蟾蜍等，水里游的有鲶、乌鳢、鲤、鲫、乌龟、鳖等。

二、如何避免敌害生物的危害

对于天上飞的有苍鹭、鸬鹚、翠鸟等为代表的鸟类，可以采取以下方法：一是鸟类较少的地方，可以在池边设置一些彩条和稻草人进行恐吓驱赶；二是鸟类比较多的地方，可以考虑在水体四周安装一些声光驱鸟器或训练犬类进行驱赶；三是鸟类特别多的地方，可以安装防鸟网来避免鸟类对河蟹的捕食。

对于地上爬的老鼠、蛇、青蛙、蟾蜍等，可以采取以下方法：一是对于鼠类可用鼠夹、鼠笼捕杀；二是对于蛇类，应当注意池塘或稻田周围杂草的清理，让蛇类没有藏身的场所，出现过蛇类的地方，可以考虑在池埂或田埂上撒一些硫黄粉进行驱赶；三是对于蛙类，最有效的办法是在夜间进行人工捕捉并在春、夏季经常清除池内蛙卵、蝌蚪等。

对于水里面游的鲶、乌鳢、鲤、鲫、乌龟、鳖等，可以采取以下方法：一是在投放河蟹苗种之前抛撒生石灰、漂白粉等药物进行清塘消毒，杀灭水体中原有的鱼类；二是在进水口处用60目以上的双层长网袋过滤进水，尽量避免在换水时将鱼卵或鱼苗带进养殖水体；三是如果水体中已经有不少乌鳢、鲶、鲤、鲫等鱼类，可以考虑使用茶籽饼、茶皂素、鱼藤酮等只杀鱼不伤蟹的药物来杀灭。

三、水体内野杂鱼过多的原因是什么

养殖河蟹的水体内出现过多的野杂鱼非常让人头疼，因为野杂鱼不仅会与河蟹争夺氧气、争夺食物、争夺生存空间，甚至不少野杂鱼（如青鱼、鲤、鲇、乌鳢等）还会吞食河蟹，导致河蟹产量降低，因此在养殖河蟹过程中一旦野杂鱼过多则要及时处理干净。养殖水体内的野杂鱼过多的原因如下。

1. 清塘消毒不彻底

在河蟹苗种投放之前，要对池塘或稻田进行清塘消毒，如果这时清塘消毒没有将池塘或稻田内的野杂鱼清除干净，加水后这些野杂鱼就会很快繁殖起来。因此在养殖河蟹之前清塘消毒的工作非常重要。

2. 随水流进来

野杂鱼大多是加水时带进来的，进来的可能是鱼苗，也有可能是鱼卵，之后在水体中生长、繁殖起来。建议在进水口处用密眼网围起来，以防止野杂鱼在加水时混进养殖水体。同时在进水管的出水口处套上60目的双层长网袋，以过滤掉水中的鱼卵及鱼苗。另外，根据鱼有逆水性的特点，在排水口处同样要求用密眼网围起来，以防野杂鱼通过排水管混进养殖水体。

3. 随水草进来

在投放河蟹苗种之前必须种植水草，很多养殖户在养殖河蟹的过程中喜欢补充投喂水草或由于水草过少补栽水草，这些水草很可能附有鱼卵，之后鱼卵在池塘或稻田里孵化、生长、繁殖而出现大量野杂鱼。

4. 随鸟类、蛙类进来

鸟类、蛙类会将别的水体中的鱼卵带过来的，但这种情况下水体内的野杂鱼一般不会太多。

第七节　底质

一、河蟹底板脏的原因是什么

河蟹的底板干净程度是衡量河蟹品质的一个重要指标，很多养殖户养殖的河蟹经常会由于底板过脏只能贱卖，严重影响经济效益。那么河蟹底板脏（图10–3）的根本原因是什么呢?

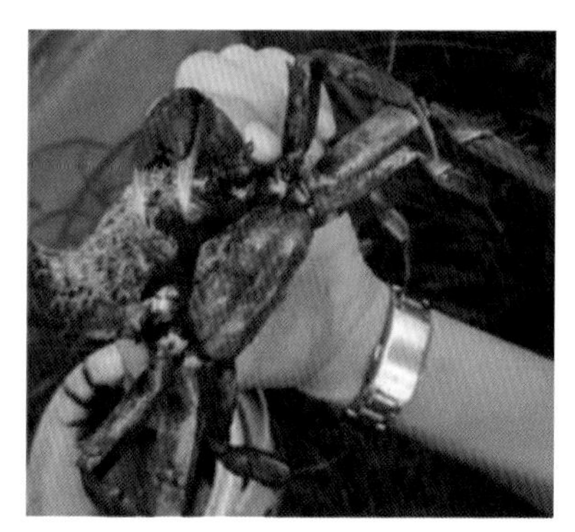

图10–3 河蟹底板脏

河蟹是底栖爬行动物，也就是说河蟹一直在水体底部进行爬行生活，因此河蟹的底板长期直接接触的地方就是底质，底质的好坏决定了河蟹底板的干净程度。底质不好养殖的河蟹底板自然较脏。

在养殖河蟹的水体都必须种植水草，为河蟹的生长提供良好的生态环境并为河蟹的蜕壳提供隐蔽的场所。而常见的水草无论是耐低温的菹草、伊乐藻，还是耐高温的轮叶黑藻、苦草，都会出现季节性枯萎或者死亡现象。在水温较高的情况下，枯萎或死亡的水草被微生物分解，就会造成底质恶化，导致河蟹的底板变黑。但是在低温条件下尤其是冬天，由于微生物的活性较低，即使水草大量枯萎或死亡，底质也不会明显恶化，因此河蟹的底板发黑现象并不多见。

新开的池塘或稻田，底质一般比较干净，这个时候还没有大量的河蟹代谢产物，没有腐烂的水草及残饵，养殖的第一批河蟹往往个头大，比较干净。随着养殖时间的延长，大量的代谢产物、残饵以及死亡的水草会沉积到水底，如果不及时采取措施，底质就会恶化，河蟹的底板发黑现象就会比较严重。

二、底质恶化有什么危害

池塘经过一段时间的养殖，一部分残饵、粪便、肥料以及死亡的藻类、水草等有机物会沉入池底，经过微生物发酵分解后，与池底泥沙等物混合形成底泥。底泥中腐烂的有机物分解时会产生氨氮、亚硝酸盐、硫化氢、二氧化碳和有机酸等多种有害物质，是病原菌的良好培养基或各种寄生虫的虫卵潜藏住所。底泥过厚会造成底质恶化，导致水体缺氧、水质恶化，寄生虫、病原菌大量繁殖，河蟹会出现上草、上岸、病害频发、大量死亡等现象。

三、底质恶化的主要原因有哪些

（1）清塘消毒时晒塘的时间过短、清塘所使用的药物种类不当或过量使用清塘药物等都会造成池塘底质恶化。

（2）残饵、粪便、动植物尸体等有机质过多，分解时会消耗大量氧气，造成池塘底质缺氧，厌氧菌大量繁殖，分解底部有机质而产生大量有毒中间产物（如氨氮、亚硝酸盐、硫化氢、甲烷、有机酸等），这是底质恶化最主要的因素。

（3）大量频繁使用化学消毒剂、农药杀虫剂、杀藻剂等消杀类产品，破坏了水体及底质的自净能力，从而导致底质恶化。

四、如何判断池塘底质变差

（1）打开增氧机后，产生的泡沫不易散开或出现发黄、发黑现象，并有可能闻到臭味。

（2）在池角处出现泡沫发黄、漂浮物发黑现象，池水分层及水色不一致。

（3）水底经常冒气泡或有烟雾上升，尤其是在清晨阳光照射下更加明显。

（4）水体pH值早、晚变化幅度很小，并且长期高于9.0或低于6.5。

（5）底泥看着发黑，闻起来有臭味。

五、池塘底质改良的常见方法有哪些

池塘底质改良的常见方法有以下4大类。

1. 物理方法

物理方法最常见的方法是清除过多的淤泥。可以每隔1～2年清除池塘的底泥并结合冰冻、日晒，促进有机物的分解，消灭病原体和其他有害生物。在此期间，还可以进行池塘的修整加固、堵塞漏洞、维修闸门和铲除杂草等工作。生产上排水不方便的情况下可以使用船式清淤机或潜水式清淤机进行清淤。另外，通过开启增氧机曝气也可有效地改善底部环境，防止底质恶化。

2. 化学方法

化学方法最常用的就是生石灰清塘。生石灰遇水后发生化学反应，释放大量热能的同时中和淤泥中的各种有机酸，改变酸性环境，从而可以起到除害、杀菌、提肥、改善底质和水质的作用。

除生石灰外，市场上还有很多化学型底质改良剂可选用。这类底质改良剂一般投入池水后能迅速增加溶解氧，促进硝化作用，降低水中的氨氮、亚硝酸盐、硫化物的含量，并使底质疏松透气，有利于有机质的完全分解。

3. 生物方法

生产中广泛采用光合细菌、芽孢杆菌或复合型微生态制剂对池塘底质进行改良。微生态底质改良剂能将残饵、代谢产物、动植物尸体等导致底质变坏的隐患及时分解、消除，不仅改善了底质和水质，而且控制了病原微生物及其病害的蔓延。

4. 与农作物轮作

假如干池时间较长，可考虑河蟹养殖和农作物种植进行轮作。这样可以使土壤充分与空气接触，有利于池底有机物的矿化分解，更好地改良底质，同时，还可以通过种植农作物获得一定的经济收入。

六、常见的底质改良剂有哪些类型

1. 微生物降解型

微生物降解型底质改良剂主要是通过有益微生物的生长繁殖，在底部形成优势种群，强力分解底部有机物，将其转化为二氧化碳、硝酸盐、硫酸盐等营养物质，变废为宝，供藻类和水草吸收生长，改善底部环境，同时挤压有害菌的生存空间，抑制病原菌滋生。目前市场上的微生物降解型底质改良剂主要有两大类：一类是以芽孢杆菌、硝化细菌、反硝化细菌等耗氧型活菌为主的底质改良剂，必须在溶解氧充足的环境下，才会发挥其功效，而且这类底质改良剂在使用中会大量耗氧，底层老化的池塘及没有增氧设备的池塘尤其要慎重使用；另一类是以光合细菌、乳酸菌、酵母等厌氧菌为主的底质改良剂，使用时需要关注微生物降解有机物产生底热引起的缺氧。微生物降解型底质改良剂中的有益菌主要以芽孢杆菌、硝化细菌、光合菌、酵母菌等为主，常搭配腐殖酸钠等物质。

2. 化学降解型

以各种卤素类、碱性金属盐类、氧化剂以及一些表面活性剂等为主的底质改良剂均属于化学降解型。化学降解型底质改良剂以氧化性底质改良剂居多，通过高氧化还原电位，把大分子有机物氧化成小分子有机物，利于微生物分解，同时提高池塘底部氧化电位，减少还原性物质（有害物质）的蓄积，释放新生态氧，抑制有害菌的繁殖，增加池塘中的溶解氧，加速池塘中的物质循环，在闷热阴雨等天气下可有效防控河蟹缺氧。氧化性底质改良剂一般不能直接将大分子有机物分解成无机物，只是改变了有机物的状态，最终还是需要通过有益微生物的作用彻底分解。这一类底质改良剂不受天气、水温等环境因素的影响，生产上应用较为广泛。选用这一类底质改良剂时优先考虑水解速度相对较慢的产品，因为水解速度越慢对河蟹的刺激性越小。化学底质改良剂代表产品主要有过氧化钙、过硫酸氢钾复合盐、硫代硫酸钠等。

目前市场上应用最多的化学底质改良剂是过硫酸氢钾复合盐改底片。过硫酸氢钾由于存在绿色安全、对养殖动物刺激小、使用无残留等优点，获得了越来越多渔民的认可。过硫酸氢钾复合盐改底片中的过硫酸氢钾含量越足，其氧化性越好。但是过硫酸氢钾的含量越高，制造改底片的技术难度越大，小厂家一般很难达到要求，因此市场上的过硫酸氢钾复合盐改底片产品存在严重的良莠不齐现象。建议渔民在选择过硫酸氢钾复合盐改底片时，尽量选择大厂家的产品。

3. 离子交换型

以含硫代硫酸钠或以EDTA为主的产品，用于降低水中或底层氨氮、重金属的阳离子等有害物质，或用于含溴氯碘化合物、高锰酸钾等阳性氧化物中毒时解毒用，效果较为理想，但对水中或底层带负电荷的酸性有害物质一般效果很差。

4. 物理吸附型

主要通过吸附、絮凝以及离子交换等作用原理，将一些有机碎屑以及大分子有害物质等吸附在一起，之后沉降至底部，但是并没有分解作用，天气频繁变化时，极易出现反弹现象。用这类底质改良剂改良底质属于治标不治本的做法，且有害物质沉降到池底会加重底臭。物理吸附型底质改良剂的代表产品有沸石粉、麦饭石、活性炭等物质。

第八节 青苔

一、常见的青苔有哪几种，如何区分

青苔属苔藓科植物，生长在低洼潮湿的区域，丝状绿藻俗称青苔，常见的包括水绵、刚毛藻、水网藻3种。以下是区分3种青苔的方法。

1. 根据形态区分

水绵呈丝状，刚毛藻呈树枝状、伞状，水网藻呈网状、囊袋状。水绵和水网藻都是漂浮在水的表面，一般悬浮，很容易移到下风头，开启增氧机就会停留在一些死角，而刚毛藻基本上固着在某处，一般在塘边、塘底、增氧机上、水草上或者泥皮上。

2. 根据手感区分

3种青苔的手感明显不同：水绵滑腻；水网藻如同水草；刚毛藻粗糙略硬，因为有一层几丁质。

3. 根据药物敏感程度区分

化学药品（如硫酸铜）对水绵和水网藻有效，但对刚毛藻效果较差；用漂白粉清塘，清塘之后还有青苔或者很短时间就起来的是刚毛藻。

二、青苔发生的主要原因是什么

（1）冬季存有积水，开春后没有排干，未进行清池、消毒，青苔的孢子大量存在于池底，水温适宜时便萌发。

（2）前一年冬季至第二年春季肥水不到位，致使养殖水环境太清瘦，阳光直接照射使池底青苔孢子迅速萌发生长。

（3）进水时将青苔带入养殖水体。

三、青苔有哪些危害

（1）严重消耗水体无机盐类，影响水草、藻类的正常生长，破坏水体营养物质代谢，造成养殖水体清瘦，不利于河蟹生长。

（2）青苔漂浮于水面或附着于水草阻挡了光照，影响了水草光合作用，极易导致水体缺氧。

（3）青苔附着于河蟹体表，造成其蜕壳困难，易导致河蟹死亡。

（4）过多青苔覆盖于水面，影响饲料的投喂和河蟹的摄食。

（5）青苔死亡后会分解多种有毒物质，不仅破坏水质，还降低水体中的溶解氧含量，易导致河蟹中毒或缺氧死亡。

四、防控青苔的常用办法有哪些

1. 预防措施

种植水草之前，对池塘或稻田进行翻耕和曝晒，使用生石灰清塘。在放养蟹种之前加强肥水，使水体透明度保持在30 ~ 40厘米。

2. 控制措施

（1）人工打捞　人工打捞青苔是最常用、最经济、最安全的办法，虽然比较费时费力，但不仅可以减少药物的使用，避免对河蟹及水草的伤害，还可避免因青苔的死亡而败坏水质。

（2）物理措施　晴天中午可使用草木灰或者腐殖酸钠覆盖青苔，使青苔见不到阳光，阻断其进行光合作用而死亡。

（3）化学措施　一般以“硫酸铜”“扑草净”“二甲戊乐灵”“氟乐灵”等药物为主杀灭青苔。由于此类药物会导致河蟹产生应激甚至死亡，所以采用药物杀灭青苔必须在投放苗种前使用。

五、杀青苔时有哪些注意事项

1. 采用点杀，切忌全池泼洒

在青苔刚出现时，取少量硫酸铜溶于水，再加入适量粗沙（建筑工地常有的废弃料）将硫酸铜溶液吸干，然后将粗沙撒在青苔上面，随后全池泼洒腐殖酸钠。

2. 施用药物应在连续晴天时进行

青苔死亡分解时会消耗水体中的溶解氧，因此使用化学药物杀灭青苔时应在连续3 ~ 5天都是晴天时进行，防止水体因缺氧而导致河蟹死亡。

3. 杀灭青苔后应及时解毒

青苔浮在水面后立即捞除，随后用过硫酸氢钾复合盐解毒，2天后施肥培肥水质。

一、水草太多的原因是什么

养殖河蟹的水体如果水草过多，那么河蟹的产量将会很低，导致水草过多的原因主要有以下几个方面。

1. 水草种植过密

很多养殖户尤其是新养殖户，担心水草长不起来，达不到覆盖率50%左右的要求，因此没有充分考虑生产具体情况，在种植水草时密度过高。种植水草时有三个因素要重点考虑：一是水草种类。不同种类的水草生长速度差异较大，像伊乐藻的生长速度就远大于轮叶黑藻，那么种植伊乐藻时，其行距、株距就应明显大于轮叶黑藻，否则就容易出现“封塘”现象。二是种植时间。以伊乐藻为例，头一年的11月份至第二年的2月份都可以种植，种植时间越早，相应的行距、株距就越大。三是土壤类型。不同类型的土壤肥沃程度不同，土壤类型为壤土的水体相比土壤类型为黏土的水体，种植水草时，相应的行距、株距应大一些。

2. 冬季没有晒塘

对于养过河蟹的老池塘，11月份伊乐藻已开始大量生长，冬季如果没有进行晒塘，也不采取其他的控制水草生长的措施，到了第二年必然会出现水草过多的情况。轮叶黑藻也存在类似的问题，也容易在5月底出现水草过多的情况。

3. 盲目施肥

很多养殖户在11月种植伊乐藻以后，感觉生长情况一直不理想，为了促进伊乐藻生长，就在低温期（头一年12月至第二年3月）大量施肥。伊乐藻在低温时生长缓慢，但是到了3月中旬以后，随着水温升高，伊乐藻就开始疯长，导致水草过多。另外，很多养殖户会通过肥水降低透明度的方法防止青苔泛滥，施肥过多时，青苔虽然被控制了，但是却引起伊乐藻疯长。

4. 管理不到位

在初春季节，由于水温较低，伊乐藻生长速度相对较慢。很多养殖户见水草覆盖率没有超过50%，往往因为缺乏经验或麻痹大意，没有预计到后期会出现水草封塘的现象，因此对其不闻不问，任由其自由生长。等到水温升高，伊乐藻开始疯长，最终结果是水草过多。

二、水草过多有什么危害

各种河蟹养殖相关技术资料都反复强调水草对于河蟹养殖的重要性，如“养蟹先养草”“蟹多少看水草”等，导致很多河蟹养殖户认为，要养好蟹就是要种一塘茂密的水草。于是很多养殖户种了大量水草，有的甚至到了封塘的程度，结果却发现河蟹产量极低。究其原因，是知道水草有改善水质、增加溶解氧、遮阴降温的作用，但不了解物极必反的道理。其实水草对于河蟹来说是一把双刃剑，适量水草有利于河蟹养殖，过量水草则会危害河蟹养殖。水草过多的危害主要表现在以下几个方面。

1. 水体缺氧

水草白天有光时进行光合作用为水中提供氧气，但到了晚上，则只耗氧不产氧，因此，水草过多时，水中晚上是缺氧的。另外大量的水草导致水体流通性差，阻碍了水体和空气之间的气体流通，也会导致水体缺氧。尤其是连续阴雨天时，缺氧现象更为明显，经常在早晚看到河蟹上草爬边，体质差的可能直接死了，并且往往是大规格河蟹先死。

2. 水质清瘦，肥水困难

为什么有些池塘或稻田的水老是肥不起来？其实主要原因就是水草过多。大量水草就意味着要消耗大量肥料，按照正常用法、用量去肥水，根本肥不起来。因为肥水的本质就是培养以某一种或者多种有益藻为主的水环境。当养殖户向水体施肥时，肥料都被水草吸收了，藻类没有营养如何繁殖、生长呢？另外，水草过多使藻类缺乏光照，自然无法大量繁殖。

3. 净化能力下降

水草生长时需要大量肥料。如果水体中肥料不足，水草就会失去活力，导致净化能力严重下降，而池中腐烂物、粪便、残饵等不断被分解后的养分释放到水中，由于没有被利用势必会形成污染，往往水变肥了，透明度降低了，产生水浑、水草挂脏的现象，形成不利于河蟹的生长环境。

4. 水色发白

水草过多会通过光合作用消耗大量二氧化碳，导致水体中缺少碳源，严重影响藻类生长，进而产生水色发白的现象。

5. pH波动过大

晴天时由于水草的光合作用强烈会消耗大量二氧化碳造成pH值过高，pH值可能达到9.5以上；到了夜晚，由于呼吸作用会产生大量二氧化碳造成pH值过低，pH值甚至达6.5以下。

剧烈的pH值变化，不利于河蟹生长和蜕壳，往往出现蜕壳不遂而死亡。对水草自身也有伤害，时间一长，水草根部易腐烂，导致水草断根而上浮。

三、水草太多该如何处理

水体中水草过多，最直接的处理办法就是尽快人工拉掉过多的水草。常见的方法是进行“打路”处理，开“草沟”，一般每5 ~ 6米打一条宽2米的通道，保持水体的流通，有利于河蟹行动、觅食，增加河蟹的活动空间。这种方法劳动强度比较大，但是效果非常好。可以用刀具直接割除水草，也可以用绳索挂上刀片或锯条，两人在岸边来回拉扯从而达到割草的目的。割草时注意选择合适的时机，在河蟹蜕壳高峰期或水草活力不好时不要割草。

也可以考虑采用生物防控的方法解决水草过多的问题。一是利用河蟹喜欢摄食水草的特性，适当减少饲料投喂量，让其吃掉过多的水草。对于被河蟹夹断漂浮在水面上的水草，一定要及时捞出。二是适当投放草鱼或鳊吃掉部分水草以控制水草密度。但是这种方法存在较大的风险，操作不当就会失去控制导致水草过少。

四、水草稀少的原因是什么

养殖河蟹的水体如果水草稀少，那么河蟹不仅产量会很低，而且规格也不大。导致水草稀少的原因主要有以下几个方面。

1. 水草种植过稀

很多养殖户尤其是新养殖户，在种植水草时没有充分考虑水草种类、种植时间、土壤类型等生产具体情况，看见别人怎么种自己就怎么学，造成水草的行距、株距偏大。

2. 忽视施肥

很多养殖户在11月种植伊乐藻以后，感觉生长情况比较理想，就忽视了水草的中后期管理，没有根据水草生长情况适量补充水草专用肥，在第二年3月后水草处于快速生长阶段往往会由于底肥不足导致水草生长乏力。

3. 河蟹放养密度过大

很多养殖户为了追求高产，盲目增加河蟹放养密度，甚至放养量超过2000只/亩。河蟹放养密度过大导致水草日消耗量大大超过了日生长量，造成水草逐日减少，就必然出现水草稀少的现象。一般河蟹放养密度以800 ~ 1200只/亩为宜。

4. 饲料投喂量过少

河蟹属于杂食性动物，在饲料缺乏的情况下会主动摄食水草。养殖河蟹时种植的水草品种以伊乐藻为主，这种水草河蟹不太喜欢吃。但是在饲料投喂量明显不足的情况下，河蟹也会被迫摄食伊乐藻。长期饲料投喂量过少，自然就会出现水草稀少的情况。因此当水面上大量漂浮被夹断的水草尤其是伊乐藻时，就表示饲料投喂量明显不足，需要适当增加投喂量，否则水草会越来越少。

五、水草为什么会挂脏

水草挂脏（图10–4）的原因主要有以下几种。

图10–4 水草挂脏

（1）水草缺肥长势不好或者割草后没有补充水草专用肥料，水草活力差导致自净能力下降。

（2）施肥、投饲过量造成水中有机物过多。

（3）大量使用杀蓝藻、杀青苔药物，破坏水体生态平衡，造成水草活力下降。

（4）大雨过后泥浆沉淀在水草叶片上。

（5）水草过多，由于光合作用消耗了大量二氧化碳，造成水中碳酸根、碳酸氢根、二氧化碳平衡被打破，过多的碳酸根与钙离子生成胶体性状的白色碳酸钙沉淀在水草上。

六、水草挂脏有什么危害

水草挂脏主要有以下3方面的危害。

（1）水草没有活力，净化水质和光合作用功能随之降低，水草吸收不到营养而逐渐死亡。

（2）长期挂脏的水草容易寄生纤毛虫，河蟹感染纤毛虫的风险增加。

（3）水草死亡会导致池塘生态环境恶化，影响蟹种的成活率以及成蟹产量和品质，河蟹发病率也会上升。

七、水草挂脏该如何处理

（1）对于水草缺肥长势不好引起的挂脏，定期补充水草专用肥提高水草活力，提高水草自净能力。

（2）对于水中有机物过多引起的挂脏，可以使用过硫酸氢钾进行改底，再通过泼洒低耗氧的芽孢杆菌类来分解有机碎屑。芽孢杆菌类分解能力强，可以帮助解决水草挂脏的问题。挂脏的水草上寄生了纤毛虫的，先杀纤毛虫，然后配合改底和培菌。

（3）对于刺激性药物使用过多的，可以减少杀蓝藻、杀青苔类药物的使用，改为预防为主或以生物方法代替。

（4）对于因为雨水引起的泥浆沉淀到水草上，可以适量泼洒腐殖酸钠，既能除掉水草上的泥浆，又能补碳促进水草生长。

（5）对于水草过多引起的挂脏，可以通过割草、拉草减少水草数量，使水草种植面积不超过河蟹养殖面积的60%。

八、为什么伊乐藻在夏季容易腐烂、上浮

1. 水温过高

伊乐藻耐低温不耐高温，当水温达到30℃时，伊乐藻开始休眠。休眠期间伊乐藻活力下降，容易受环境影响出现上浮现象。

2. 底部缺氧

水体底部缺氧造成伊乐藻失去活力，根部逐渐腐烂导致水草上浮。

3. 水草缺肥

当水体长期未施肥或水草过密时，伊乐藻就会因缺乏营养无法长出白根，自然容易腐烂、上浮。

4. 药物残留

水体中大量使用消毒、杀菌、杀藻、杀青苔等药物，导致水体药残严重，造成水草活力差甚至死亡，最终水草上浮。

5. 透明度过低

水体透明度对伊乐藻的影响很大。如果透明度过低，水草难以进行光合作用，时间一长，水草逐渐死亡，就会腐败上浮。

6. 水位过深

水位过深会严重影响水草的光合作用，还会造成水草浮力过大，扎根困难。

7. 水草顶端露出水面

水草顶端露出水面，水草就会开花，根部吸收以及光合作用产生的营养物质不断地输送到水草顶端，根部和茎部缺乏营养物质而易断上浮。

九、伊乐藻在夏季高温期应该如何管理

伊乐藻属于低温水草，水温一旦超过25℃，水草活性大

大降低，对水环境的调节能力和造氧能力减弱。超过30℃，水草便容易老化腐烂。此时伊乐藻不仅不具有水质调节能力，反而成为水体生态失衡的元凶，因此伊乐藻的高温管理至关重要。

（1）高温季节来临以后，要加深水位，保证水位总是高过水草顶部15 ~ 20厘米，以降低高温对水草的影响。

（2）如果水草长出水面，必须采取割茬的措施，防止水草因高温老化腐烂，并促进活性较强的新生枝条萌发。

（3）如果水草长势过密，必须割草。成片的草，可以割出空行。成团的草，可以除掉中间的水草。保证水草叶部及根部充分接受阳光照射，同时避免水草大面积覆盖池底使底泥长期不见阳光而发黑、发臭，导致底质恶化。

十、水草的虫害如何防控

蟹池内水草的主要虫害有线虫、蜻蜓幼虫、钻心虫、卷叶虫等。

1. 线虫（图10-5）

（1）形态特征　二叉摇蚊属的thanatogratus（种名，目前尚无中文译名）的幼虫期。长度0.5 ~ 1.0厘米，有淡黄色、棕黑色、白色和绿色等体色。

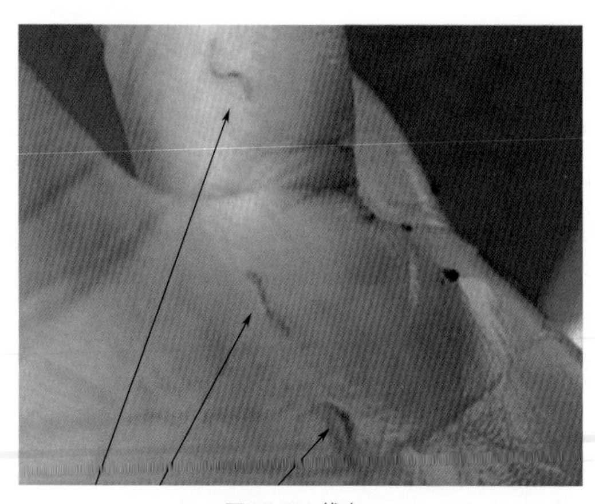

图10-5　线虫

（2）为害季节　3 ~ 5月出现较多。

（3）为害特征　有线虫的池塘，水草大多长势慢，严重时草叶自下而上被吃成光秆（图10–6）。检查时先查看叶面和茎有无被咬残、吃残现象，再抓一把水草放入白色盆中抖动，仔细察看盆中有无线虫。

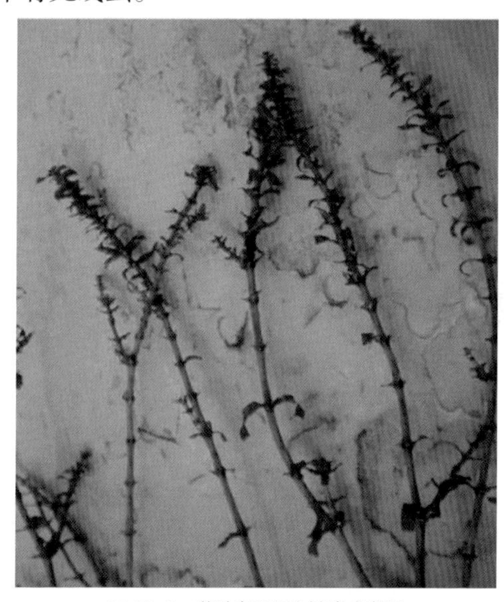

图10–6　草叶自下而上被吃成光秆

（4）防控方法

① 河蟹捕捞结束后晒塘，彻底清塘。

② 养殖前期肥水时少用复合肥、粪肥肥水。

③ 利用线虫耐低氧能力差、早晨爬到水草顶端的习性，在日出之前用氟虫腈溶液对着水草顶端喷洒杀虫。

2. 蜻蜓幼虫

（1）形态特征　蜻蜓幼虫（图10–7）叫水虿，是昆虫纲蜻蜓目昆虫稚虫的一种统称。体色一般呈暗褐色或暗绿色，外形与其成虫类似，无翅，没有性成熟。水虿依种类不同而有不同长短的时期，短的2 ~ 3个月，普通种类1 ~ 3年，最长的则要7 ~ 8年才能完全成熟，期间需经过8 ~ 14次蜕皮，然后爬出水面，变成蜻蜓成虫。

图10-7 蜻蜓幼虫

（2）为害季节 4 ~ 6月出现较多。

（3）为害特征 专吃草头，水草生长缓慢，失去活力和净水能力。检查时先查看草头有无被咬残、吃残现象（图10-8），再抓一把水草放入白色盆中抖动，仔细察看盆中有无蜻蜓幼虫。

图10-8 水草的草头被吃残

（4）防控方法

① 防止水草露出水面。

② 割草后及时捞出浮草。

③ 用氟虫腈溶液对着水草喷洒杀虫。

3. 钻心虫（图10-9）

图10-9　钻心虫

（1）形态特征　环足摇蚊属的幼虫。形态与线虫接近，呈浅绿色，体形细长，体长3 ~ 5毫米，体节间长有刚毛，体表具有透明鞘膜，喜啃食轮叶黑藻的茎，并钻入茎内生活。

（2）为害季节　5 ~ 6月出现较多。

（3）为害特征　对伊乐藻危害较小，对轮叶黑藻危害最大。被钻心虫危害的水草，早期草心有灰黑色点，逐渐草心发硬，最终草心消失（图10-10），水草生长停滞。

图10-10　草心消失

（4）防控方法

① 保持水草高度在水下30 ~ 40厘米。

② 平时多施促进水草生长的肥料，提升水草活力。

③ 使用甲苯达唑（水体中有螺蛳时禁用）或虫汰杀虫效果好。

4. 卷叶虫

（1）形态特征　为害轮叶黑藻的卷叶虫（图10-11）学名为小筒水螟，幼虫全身长满刚毛、具卷叶行为，飞蛾呈浅白色、长有棕色斑块。

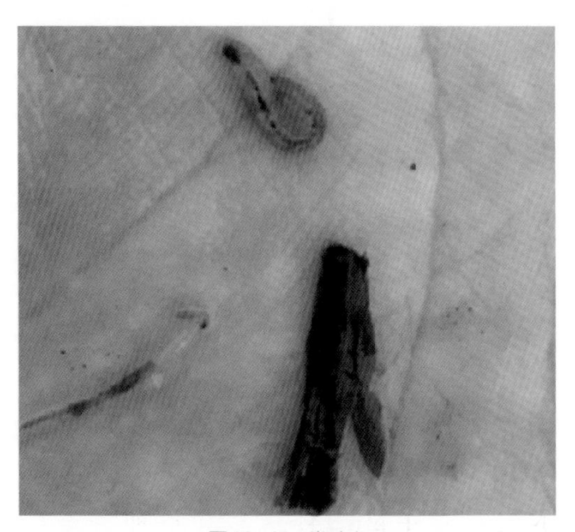

图10-11　卷叶虫

（2）为害季节　6月中旬至9月中旬，高峰期7 ~ 8月。

（3）为害特征　卷叶虫把水草叶子卷起来（图10-12），使水草的光合作用受到不利影响，活力降低，根系开始变黄、变黑。3 ~ 5天，水草可能全部死光。检查时，仔细观察水草下沉区，抓起一把草，如发现水草叶片卷曲，可挑开叶片，会发现有白米状或线状虫体。

（4）防控方法

① 保持水草顶端高度在水下30 ~ 40厘米。

② 使用商品药物虫汰或杀虫保草液，杀虫效果较好。

图10-12 卷叶虫把水草叶子卷起来

第十节 水质

一、水体“肥、活、嫩、爽”是什么意思

1. 肥

就是水中含有丰富的有机物和各种营养盐，透明度25～30厘米，繁殖的浮游生物多，特别是易消化的浮游植物种类多。

2. 活

就是水体中的一切物质，包括生物和非生物，都在不断地、迅速地进行转化，形成水体生态系统的良性循环。反映在水色上，水色随光照的不同而处于变化中。

3. 嫩

就是水色鲜嫩不老，易消化浮游植物多。如果蓝藻等难消化藻类大量繁殖，水色呈灰蓝色或蓝绿色，或者浮游植物细胞衰老，均会减低水的鲜嫩度，变成“老水”。

4. 爽

就是水质清爽，水面无浮膜，混浊度较小，透明度大于20厘米，水中溶解氧含量较高。

二、常见水质调节的方法有哪几种

河蟹对环境的适应能力及耐低氧能力较强，甚至可以离开水直接利用空气中的氧进行呼吸。但长时间处于低氧、水质不良的环境中，河蟹的蜕壳速度会明显变慢，从而影响生长。因此，水质是限制河蟹生长、影响河蟹养殖产量的重要因素。不良的水质有利于寄生虫、细菌等有害生物大量繁殖，导致疾病发生和蔓延；水质严重不良时，会造成河蟹大量死亡。在池塘或稻田高密度养殖河蟹时，应经常使用微生态制剂、生石灰等调节水质，或通过适时加水、换水、施肥，始终保持水体“肥、活、嫩、爽”，使池水透明度控制在30 ~ 50厘米，为河蟹生长营造一个良好的水体环境。进行水质调节的常用方法有物理方法、化学方法和生物方法3种。

三、如何用物理方法进行水质调节

1. 加水、换水

当水体的透明度低于30厘米时，水源充足的池塘或稻田可采取加水和换水措施。可以考虑抽出1/4左右的老水，然后注入新水。既可以带进丰富的氧气和营养盐类，又可以稀释水中的有机物，恢复水成分的平衡，这是调节水质最有效的办法。使用加水、换水的方法进行水质调节时要注意三点：一是排出的水应该是池塘或稻田的底层水；二是加入的新水必须水质良好；三是换水时温差不得超过3℃，否则易造成河蟹产生应激反应，导致河蟹生病。

2. 物理增氧

用机械设备增加空气和水的接触面，加速氧溶解于水中，通常使用的各种增氧机、水泵充水、气泵向水中充气等都是物理方法增氧，是调节水质最经济、最有效、最常用的方法。适时开动增氧设备，增加水中溶解氧含量，不仅能够提高河蟹对饲料的消化利用率，而且能够促使水中有机物分解成无机物被水生植物所利用，还能有效地抑制厌氧细菌的繁殖，降低厌氧细菌的危害，对改良水质起着相当重要的作用。

四、如何用化学方法进行水质调节

1. 施用生石灰

生石灰是水产养殖中使用最广泛、最多的一种水质改良剂。施用生石灰主要是调节水的酸碱度，使其达到良好水质标准的pH值范围，同时作为钙肥可以促使浮游生物的组成维持平衡。生石灰一般采取用水稀释后全池泼洒的方法，建议晴天上午9点左右使用，不宜在下午使用。

2. 对水体进行消毒和改良

在河蟹生长期内，定期使用消毒剂对水体进行消毒，可起灭菌、杀藻的作用；定期使用底质改良剂，不仅可以吸附水中的悬浮物质，更重要的是可以改良底质，从而起到改良水质的作用。底质改良剂的主要成分是络合剂、螯合剂，其进入水中，会与水中的一些物质发生络合、螯合反应，形成络合物和螯合物。既可以缓冲pH和减少磷等营养元素的沉淀，又可以降低水中重金属离子等有毒物质的浓度和毒性，达到调节、改良水质的作用。常用的络合剂、螯合剂有活性腐殖酸、黏土、膨润土等。

五、如何用生物方法进行水质调节

生物方法进行水质调节主要是使用微生态制剂。微生态制剂的主要种类有光合细菌、芽孢杆菌、硝化细菌、EM复合生物制剂等。在水温25℃以上，选择日照较强的天气，适时使用微生态制剂，每次施用后数日内水质即可转好。但使用微生态制剂时应注意以下两点。

（1）施用微生态制剂时最好选择水温在25℃以上的晴天。

（2）在使用生石灰、氯制剂等化学制剂后，不能马上使用微生态制剂，应等到化学制剂药效消失后再使用。一般要在使用化学制剂1周后再使用微生态制剂，这样才能达到较好的水质调节效果。

六、河蟹养殖池塘为什么会缺氧

1. 密度过高

有些养殖户为了追求高产量，投放蟹种超过2000只/亩。这样的密度在养殖过程中经常会出现缺氧现象，在阴雨天甚至可能出现泛塘的情况。

2. 水质突变

一些养殖河蟹的水体水质过浓，当遇到天气突变的时候容易出现“倒藻”现象，会造成水体严重缺氧。另外，一些水质正常的水体，在使用生石灰以后，藻类大量死亡，也会引起水体缺氧。

3. 水草过多

水草有改善水质、增加溶解氧、遮阴降温的作用，但是水草过多时，水中晚上容易缺氧，尤其是连续阴雨天时，缺氧现象更为明显。

4. 水草或青苔腐烂

现在养殖河蟹的水体大多种植伊乐藻，伊乐藻耐高温的能力较差，夏天水草容易死亡。另外，如果河蟹养殖过程中投饲量不足或投饲不及时，水草就会被河蟹夹断并漂浮在水面上。没有及时打捞的水草以及死亡的水草在水中会逐渐腐烂，腐烂过程中会消耗大量溶解氧而引起水体缺氧。同样，青苔死亡以后如果不及时打捞也会由于腐烂过程中会消耗大量溶解氧而引起水体缺氧。

七、如何判定蟹池是否缺氧

1. 观察河蟹的活动及摄食情况

如果发现河蟹白天上草、上岸并且摄食明显减少，就是水体缺氧的表现。

2. 观察水中浮游动物及底栖动物的活动状态

轻度缺氧时，浮游动物常聚集在水体中上层，水蚯蚓、螺蚬等底栖动物会靠近池边；严重缺氧时水中浮游动物及底栖动物反应迟钝甚至大量死亡。

3. 观察水面上泡沫的多少

配备了增氧机的池塘，如果水面上的泡沫较多且增氧机停止使用后泡沫久久不能消散，则说明水体处于缺氧状态。

4. 观察水色变化

如果水色开始由清爽变浑浊说明水体处于缺氧状态；如果水色浓绿、暗绿且暗淡无光，说明水体处于缺氧状态。

5. 直接用仪器检测

使用溶解氧检测仪检测水中溶解氧高低判断水体是否缺氧；也可以通过检测pH变化判断水体是否缺氧，pH持续下降或突然下降，说明水体缺氧。

八、蟹池如何进行水质管理

1. 水位控制

河蟹的养殖水位高低与水温有关，一般遵循“春浅、夏满、秋稳”的原则。春季一般保持在0.3 ~ 0.8米，浅水环境有利于水草的生长、螺蛳的繁育和蟹种的蜕壳生长。夏季由于水温较高，水深一般控制在1.2 ~ 1.5米，有利于河蟹度过高温季节，保证河蟹正常蜕壳。秋季由于水温开始降低，水深一般控制在1.0 ~ 1.2米，有利于河蟹育肥，保证河蟹及时上市。

2. 适时换水

经常加注新水，原则是蜕壳高峰期不换水，雨后不换水，水质较差时多换水。温度偏低时少换水，高温季节时多换水。每次换水量为池水的20% ~ 30%，使水质保持“肥、活、嫩、爽”。

3. 调节pH值

每15天左右泼洒1次生石灰水，生石灰用量为10千克/亩（池塘水深为1.0米），使池水pH值保持在7.5 ~ 8.5，同时可增加水体钙离子浓度，促进河蟹蜕壳生长。

4. 泼洒微生态制剂

高温期7天左右向水体中泼洒微生态制剂1次，使光合细菌、硝化细菌、芽孢杆菌、双歧杆菌、酵母菌等有益细菌在水中形成优势菌群，既可以抑制致病微生物的种群数量、生长、繁殖和危害程度，又可以分解水中有害物质，增加溶解氧，改善水质。

九、池塘里有河蟹，能够进行消毒吗

池塘里有河蟹是可以进行消毒的，一般是直接进行水体消毒，常用的消毒剂有聚维酮碘、生石灰、漂白粉、二氧化氯等。

1. 聚维酮碘

聚维酮碘是一种高效低毒的强力杀菌消毒药物，对细菌、病毒、真菌和霉菌孢子均有良好的杀灭作用，具有消毒作用。聚维酮碘一般制成10%的溶液，用作消毒剂。使用的时候每亩每米水深用量300 ~ 500毫升，隔日一次 ，连用2 ~ 3次。聚维酮碘很多时候用于蟹种投放到池塘后的水体消毒，在水体缺氧时禁用。聚维酮碘溶液的使用时间大多在早晨天亮至9点之间，中午天气过热是不使用聚维酮碘的，避免高温造成碘的升华。

2. 生石灰

生石灰遇水反应的产物氢氧化钙能够快速溶解细菌的细胞蛋白质膜，定向高效杀灭病原体，减少河蟹疾病暴发，对于河蟹疾病预防也起到一定作用。另外，生石灰还具有调节水质酸碱度、有助于河蟹蜕壳生长、改良底质、增加水体营养、调节水体环境等作用。因为生石灰在河蟹养殖中起到的作用是任何水产药物不能媲美的，所以养殖户如果坚持定期使用生石灰可以大大减少河蟹疾病暴发，改善养殖水体环境，促进河蟹蜕壳生长，最终提高河蟹产量及养殖效益。

用生石灰消毒的时候，一般每亩每米水深用生石灰10 ~ 15

千克。具体用法是先将生石灰用水乳化，然后趁热直接泼洒在池塘里。泼洒的时候需要全塘均匀泼洒，以达到充分杀菌消毒的目的。

虽然生石灰具有如此多的优点，但使用过程中还是需要科学使用，以免起反作用。例如水体pH值偏高的时候不适合使用生石灰，水体氨氮超标的时候也不能使用。

3. 漂白粉

用漂白粉消毒也是河蟹养殖池塘常用的消毒方法之一。在使用的时候，先将漂白粉放入木盆或铁桶内用水稀释，然后直接泼洒到池塘。使用的时候每亩每米水深用漂白粉1 ~ 1.5千克，不能超量使用，避免造成河蟹鳃部被腐蚀。漂白粉消毒通常用于池塘水体pH值大于8.5的情况。

4. 二氧化氯

二氧化氯是一种非常高效、安全的消毒剂，无残留，不仅具有预防、治疗河蟹疾病的作用，同时还具有净化水质的作用。二氧化氯对河蟹由病毒、真菌、细菌等病原微生物引起的疾病，均有良好的防治效果。二氧化氯具有强氧化性，其水溶液却是十分安全的。用二氧化氯消毒，每亩每米水深用量400 ~ 600克。

第十一节　河蟹捕捞

一、什么时间捕捞成蟹最合适

河蟹的捕捞时间与养殖地域、养殖模式、养殖方式、河蟹水系、河蟹成熟度等多种因素都有关系，具体捕捞时间不能一概而论。如果捕捞过早，一部分河蟹尚未完成生殖蜕壳而变为绿蟹，其生产潜力没有充分发挥出来。如果捕捞过晚，由于气候转凉，河蟹生殖洄游，易攀爬逃逸，留池河蟹也穴居越冬，不易捕捉。

1. 养殖地域

河蟹的成熟时间由积温决定，积温高的地域河蟹的成熟时间相对较早，因此捕捞时间也相对早一些。一般江南地区10月之前开始捕捞河蟹，江北地区10月之后开始捕捞河蟹。

2. 养殖模式

不同养殖模式河蟹捕捞时间也大不相同，以湖北省为例：汉川以虾蟹混养、养殖普通规格河蟹模式为主，捕捞时间一般9月中下旬开始；洪湖、仙桃以池塘精养、养殖大蟹模式为主，捕捞时间一般10月下旬开始；监利以豆蟹当年直接养成成蟹模式为主，捕捞时间一般12月开始。

3. 养殖方式

一般稻田养殖的可于9月上旬开捕；网围、湖泊放养的河蟹，宜于9月中下旬开捕，而池塘养殖的最早于9月下旬开捕。

4. 河蟹水系

同一养殖地域、养殖模式、养殖方式的前提下，辽河水系的河蟹比长江水系的开捕时间要提早15 ~ 30天。

5. 河蟹成熟度

河蟹捕捞以市场为导向，以成熟为标准，过熟或未成熟均会影响产量和品质。河蟹的成熟可以从形态结构、活动习性的变化结合实践经验加以判断。

（1）从形态结构的变化判断

① 背甲颜色　性成熟的河蟹背甲颜色为青绿色或黄绿色，未成熟的河蟹颜色为土黄色。

② 雌蟹　性成熟的雌蟹腹部形状为椭圆形，可覆盖整个腹面，横距大于纵距；未性成熟的雌蟹腹部形状为三角形，不能覆盖整个头胸甲腹面，横距小于纵距。性成熟的雌蟹腹脐周边及附肢刚毛长而密，未性成熟的雌蟹腹脐周边及附肢刚毛短而稀。

③ 雄蟹　性成熟的雄蟹螯足绒毛及步足刚毛为绒毛稠密、刚毛粗长；未性成熟的雄蟹螯足绒毛及步足刚毛均短而稀。

（2）从活动习性的变化判断　河蟹成熟后，要进行生殖洄游。因而在生殖洄游前会有一系列活动习性上的变化，这主要表现为“转塘”和“转水”。“转塘”是指河蟹成熟后，晚上上岸，沿防逃设施来回爬动，寻找逃跑缺口的一种现象。“转水”是指河蟹沿边来回爬动，导致池塘沿岸水体浑浊，尤以东北方向水体浑浊严重。虽然缺少饲料时也会使水体浑浊，但缺少饲料时表现为满塘水浑浊。出现“转塘”和“转水”时说明河蟹已经成熟，可以捕捞了。

（3）根据实际经验判断　根据实际经验，还可通过“算、捏、比”判断河蟹成熟饱满情况，确定捕捞与否。

① 算　在池塘河蟹最后一次集中蜕壳后20天左右即可开始捕捞。

② 捏　抓起河蟹，用手指用力捏河蟹的倒数第二步足上肢部位，如果很硬捏不动，就可以开始捕捞。

③ 比　认真观察河蟹的头胸甲后端与腹脐间缝隙，发现宽度变大（俗称“开后门”，图10-13）就可以开始捕捞。

图10-13　河蟹“开后门”

一般10月中旬至11月上旬，是河蟹捕捞的最佳季节。此时河蟹完成了生殖蜕壳，基本上没有软壳蟹，而且壳质坚硬，蟹黄丰满，捕捞时不易受伤。在长江中下游，池塘养蟹应在10月上旬或中旬开始捕捞，到11月底基本捕完。如果捕捞过早，一部分河蟹尚未完成生殖蜕壳而变为绿蟹，其生产潜力没有充分发挥出来。如果捕捞过晚，由于气候转凉，河蟹生殖洄游，易攀爬逃逸，留池河蟹也穴居越冬，不易捕捉。

二、养殖成蟹的捕捞方法有哪些

河蟹捕捞技术是养殖生产中不可忽略的环节之一。河蟹的捕捞方法主要有以下几种。

1. 地笼张捕法

地笼是河蟹捕捞的主要渔具。地笼沉在水底，底网紧贴池底，形似长箱形，截面近方形，高和宽为40 ~ 60厘米，用毛竹片或钢筋做框架，用聚乙烯网片包裹在框架上，两端可长距离延伸，长达数十米。网的下纲装有石笼，嵌入泥底，以防河蟹从网下钻逃。方形网箱的上面为盖网，水平前伸8 ~ 10厘米，以防河蟹从网上翻逃。地笼每隔数米开有袖口，袖囊向网内倒伸，使河蟹能进不能出。地笼的两端设有囊袋，以作收集河蟹之用。利用河蟹贴底爬行的习性，地笼在全池拦截通道，迫使河蟹进入地笼倒袖，汇集于囊袋中。这种捕捞工具的捕捞率很高，已被各地广泛使用。地笼适用于放养于小型湖泊、网围或池塘养殖的河蟹捕捞。

2. 流水捕捞法

成蟹开始生殖洄游后，绝大多数河蟹离开洞穴，白天大部分在水中活动，并且有抢争水口、顺流而下的习性，只要在池塘缓慢放水，在进、出水口处张网或挖陷阱捕捉即可。

3. 灯光诱捕法

利用河蟹的趋光性，在养殖区的一角置一盏灯，灯下挖数个小坑，坑中放入铁桶或内壁光滑的水缸，夜晚河蟹爬向灯光处时误入坑内，此时提起铁桶或水缸，河蟹即被捕获。

4. 徒手捕捉法

面积较小的池塘可利用河蟹成熟后傍晚上岸的习性，徒手捕捉。方法是头戴电瓶灯，一只手提盛蟹器具（桶或袋），另一只手戴手套在池塘堤坡上捉蟹。

5. 丝网捕捞法

适用于各种大水面养殖。在水中放入长长的丝网，丝网在网端浮子的作用下会悬挂于水中。当河蟹活动时就会触碰到网，由于丝网很细密，一旦河蟹触碰到网就会被网紧紧缠绕而无法脱身。等待一段时间后将丝网收起，取下缠绕在网上的河蟹即可。这种捕捞方法简单、效率高、成本低。

6. 干塘捕捞法

首先将池水快速排至30～50厘米深，然后向出水口一侧沿池底中央开挖一条宽度约为50厘米的集蟹沟。沟深不限，但要逐步倾斜，到出水口处则开挖一集蟹槽，长、宽、深各为1米左右。当水位逐步降低时，河蟹就会爬入蟹沟，最后进入蟹槽，再用手抄网捕捉即可。如池塘面积较大，可开挖多条集蟹沟和槽。若塘内淤泥过多，为防河蟹潜入泥中，可用微流水进行刺激，即进水口缓慢进水，出水口以相同流速出水。冬天采用干塘法捕捉河蟹时，要快速抽干池水，以防河蟹掘土穴居或潜入泥底。

参考文献

REFERENCES

[1] 王武，李应森. 河蟹生态养殖. 北京：中国农业出版社，2010.

[2] 陈焕根. 河蟹高效养殖致富技术与实例. 北京：中国农业科学技术出版社，2016.

[3] 艾桃山等. 大规格河蟹池塘生态养殖技术. 武汉：湖北科学技术出版社，2014.

[4] 周刚，宋长太. 河蟹健康养殖百问百答. 北京：中国农业科学技术出版社，2017.

[5] 陈焕根. 河蟹高效生态养殖新技术. 北京：海洋出版社，2017.

[6] 周刚. 河蟹高效养殖模式攻略. 北京：中国农业出版社，2015.

[7] 徐兴川，蓝家全等. 无公害河蟹养殖技术. 武汉：湖北科学技术出版社，2009.

[8] 汪建国. 河蟹高效养殖与疾病防治技术. 北京：化学工业出版社，2014.

[9] 陈如国. 河蟹无公害安全生产技术. 北京：化学工业出版社，2014.

[10] 李应森. 河蟹高效生态养殖问答与图解. 北京：海洋出版社，2011.

[11] 郑忠明等. 河蟹健康养殖实用新技术. 北京：海洋出版社，2008.

[12] 周刚，周军. 河蟹高效生态养殖新技术. 北京：海洋出版社，2014.

[13] 谢光伟. 河蟹养殖实用技术. 北京：金盾出版社，2011.

[14] 乔桂芹. 河蟹、虾、名贵鱼立体生态养殖技术. 北京：科技文献出版社，2010.

[15] 史建华. 河蟹生态养殖技术问答. 北京：金盾出版社，2017.

[16] 占家智. 图说河蟹养殖关键技术. 郑州：河南科学技术出版社，2020.

[17] 赵乃刚等. 河蟹高效养殖关键技术问答. 北京：中国林业出版社，2008.

[18] 周刚. 河蟹高效养殖140问. 北京：中国农业出版社，2019.